术语计算与知识组织研究

宋培彦 著

U0301868

科学技术文献出版社
SCIENTIFIC AND TECHNICAL DOCUMENTATION PRESS

·北京·

图书在版编目（CIP）数据

术语计算与知识组织研究 / 宋培彦著. —北京：科学技术文献出版社，2018.6
（2020.4重印）
ISBN 978-7-5189-4559-7

Ⅰ.①术…　Ⅱ.①宋…　Ⅲ.①自然语言处理—研究　Ⅳ.①TP391.1

中国版本图书馆CIP数据核字（2018）第131143号

术语计算与知识组织研究

策划编辑：周国臻　　责任编辑：张　红　　责任校对：文　浩　　责任出版：张志平

出　版　者	科学技术文献出版社	
地　　　址	北京市复兴路15号　　邮编 100038	
编　务　部	（010）58882938，58882087（传真）	
发　行　部	（010）58882868，58882870（传真）	
邮　购　部	（010）58882873	
官　方　网　址	www.stdp.com.cn	
发　行　者	科学技术文献出版社发行　全国各地新华书店经销	
印　刷　者	北京虎彩文化传播有限公司	
版　　　次	2018年6月第1版　2020年4月第2次印刷	
开　　　本	710×1000　1/16	
字　　　数	172千	
印　　　张	13	
书　　　号	ISBN 978-7-5189-4559-7	
定　　　价	58.00元	

自序：走向智能化知识服务的"立心之战"

美国对中国芯片技术等领域进行"卡脖子"式的封锁，"缺芯之痛"引起举国关注。然而，看不见、摸不着但却同样重要的知识库，其作用并不逊色于芯片硬件，对智能信息处理和智能化知识服务这两个方面同时具有全局性、根本性和长期性的影响，堪称是不可或缺、不可替代、价值不可估量的"软芯片"。

智能信息处理需要强有力的知识库。这是因为，知识库是计算机智能信息处理的基石，也是未来智能计算机内嵌的核心技术，所以"不可或缺"；知识库本身是一个庞大的知识密集型系统，加上中国语言和文化自身的特殊性，因此很难指望外国人代劳或者从国外购买、坐享其成，而只能主要依靠国人自力更生、自主创新，因此"不可替代"；正是由于其重要性高、技术难度大、研发周期长而市场价值极为显著，因此其价值"不可估量"。离开了知识库，计算机还是擅长数据计算的"超级机器"，但绝不能称为一目千行、勤学善思的"电脑才子"，也与"智能"二字无缘。知识库是衡量"智能"水平高低的标志之一。

智能化知识服务也同样离不开知识库的有力支撑。在大数据环境下，图书情报界正在从传统的图书情报服务转向智能化知识服务，以术语库、叙词表、本体等为代表的知识组织工具本质上是作为计算机内置使用的知识库，扮演了计算机"大脑"的关键角色。智能检索、关联数据、语义网、知识图谱等智能化知识服务理念，都有赖于知识组织工具（知识库）。研制汉语知识库特别是专业领域知识库，可以为智能推送、精准检索、自动推理等智能化知识服务提供强有力的知识基础。可以说，知识库建设涵盖了图书情报学（知识组织）、人工智能（自然语言处理）、语言学（术语学）、统计学乃至认知科学等多学科，堪称中国图书情报界开展智能化知识服务的"立心之战"，其科学意义和应用价值不言而喻。

所幸，我们有许多默默无闻、潜心研究的先哲时贤早就深刻意识到了这一点，凭借专业技能和满腔热忱肩负起为电脑"立心"、坚持自主创新的重任，数十年如一日，创立了知网 Hownet、概念层次网络 HNC、《同义词词林》、《汉语主题词表》等许多奠基性、开创性的知识工程。一些富有战略远见的创新型企业，如百度、阿里巴巴、腾讯等 IT 企业及出版业界，也紧紧抓住机遇、投入巨资，纷纷将知识图谱、网络百科、智能检索等基础研究变成落地生根的产品，服务于社会公众并取得良好经济效益。特别是，我国重点研发计划等重大工程着眼长远，将中文信息处理、类脑计算、知识工程等列为国家重大战略项目予以稳定支持，中文知识库这一"软芯片"研究与产业化基本与国际先进水平保持齐头并进，不仅成功避免了被外国技术封锁的被动局面，而且在某些领域已经走进世界舞台中央，从"跟跑"变成"领跑"。本书就是在这样的时代背景下应运而生的，最终希望对我国专业领域智能信息处理和知识服务水平的提升有所裨益。

同时，也应该注意到，我国在知识库方面的研究还存在一些亟待解决的问题。例如，传统中文知识库建设大多依靠专家手工劳动，不同程度地存在着效率偏低、成本高昂、更新迟缓、应用场景不明确等问题；或者过于强调统计模型、深度学习等技术手段，追求"短平快"，造成知识库准确性不足，难以支撑实际应用。因此，本书试图在知识组织的理论框架下，将术语计算技术引入知识库构建中，实现术语计算技术与知识组织理论的结合，探索更加精准化、智能化、开放性的知识库建设与服务新模式。这种结合不仅在理论上是可行的，而且对工程实践和实际应用也是有益的。

知识组织为术语计算提供了较完善的知识表示框架和数据基础。在大数据环境下，以术语为中心，将各类知识组织工具进行融合，形成统一的知识库，进而支撑专业知识的组织、挖掘、管理和服务，不仅可以"复用"叙词表、本体等现有的规范化知识体系，实现知识的继承和发展，而且能够实现对专业知识进行多维度、细粒度的组织、管理和利用，有助于消除散乱的术语造成的"信息孤岛"，并缓解"信息过载"，为用户提供精准的深层次知识服务，提高智能化知识服务的质量和效率。

术语计算为实现知识组织提供了有效技术手段。术语计算（Terminology Computing）是采用自然语言处理技术，对术语所包含的专业知识进行自动挖掘，以较小的颗粒度和可组合性对知识进行表示、推理和计算。通过对术语的挖掘和描述，构建细粒度、动态更新的术语知识库，有助于实现知识的动态聚合，进而以可视化、个性化的方式为用户提供知识服务。本书以自动分类、聚类、词义计算等术语计算技术为依托，形成快速、动态的知识发现与更新方法，从微观层面揭示知识的语义关系，以可视化方式直观展现知识关联，进而为构建词间关系、建立知识关联提供辅助手段，促进大数据时代知识动态更新和精准服务。

实践也充分证明，术语计算与知识组织在智能化知识服务这一根本目标上"殊途同归"，具有很强的可结合性，是构建新型知识库的有效方法。术语计算具有很强的操作性和应用性，在知识组织的框架中才能更好地发挥其应有的作用；现有的知识组织工具需要借助术语计算技术在更大范围内进行有序化组织和关联，才能充分发挥知识组织的价值、满足用户的知识需求。

万丈高楼平地起。以下项目提供的数据资源和应用场景，为本书提供了宝贵的实验基础，并验证了术语计算与知识组织结合的可行性。

（1）《汉语主题词表（工程技术卷）》编制与科技术语库建设。2010—2014 年，笔者作为核心研究人员参加了《汉语主题词表（工程技术卷）》的编制与修订工作。具有完全知识产权的新版《汉语主题词表

（工程技术卷）》核心词（术语）数量达到 20 余万条；科技术语库收录科技名词术语近 400 万词，并在语义计算、自动分类、自动标引等方面进行了积极探索，具有较为坚实的数据基础。

（2）英文超级科技词表与术语库建设。2011—2015 年，在国家"十二五"科技支撑计划项目"面向外文文献的知识组织研究与示范应用"支持下，笔者作为术语库负责人，采集了约 20 万个工程技术领域核心概念、300 多万个英文术语，形成了跨语言的知识组织工具，并用于国家科技文献中心 NSTL 外文文献的标引与检索服务，产生了良好的社会效益。

（3）术语服务系统建设。2011—2014 年，笔者主持了国家社科基金项目"基于知识组织的术语服务研究"，参与研制了术语服务系统、主题自动标引系统等，具备中英文翻译、关系、属性、定义、分类信息等，并实现了对科技术语的语义链接和可视化，在国内一些专业机构开展示范应用。

（4）"国家科技管理信息系统"科技大数据中心建设。2015 年以来，围绕"国家科技管理信息系统"建设，笔者主要从事科技大数据中心的设计与建设工作，实现与全国 47 个省市（含计划单列市、副省级城市、新疆生产建设兵团）的互联互通与共享服务，将国家科研项目、专家、成果等各类科技类数据进行深度组织和管理。术语计算和知识组织对于科技大数据中心建设发挥了重要作用。

（5）专家推荐系统建设。笔者还主持了 2016 年度国家社科基金项目"基于知识组织的科研项目评审专家发现研究"，通过知识组织工具的优化实现专家自动推荐，为科研项目评审、决策咨询等提供良好的支持。

上述研究经历让笔者更加深切地体会到，术语计算与知识组织有天然的紧密联系，具有重要研究价值。本书主要采用实证研究的方法，将术语理论、计算方法、模型与实验等尽可能与叙词表等知识组织工具进行有效结合和验证，尽量使计算结果具有可重复性，以支撑知识组织的实际应用。同时，以知识组织理论框架为纲，将散乱的术语融合成有机整体，并以智能检索、术语服务、数字出版、科技辅助决策等作为应用场景进行验证，也有助于体现术语计算的效果和价值。理论、方法、技术与应用，在这里相得益彰、并行不悖，构成本书的主线。

本书命名为《术语计算与知识组织研究》，蕴含的目标是希望促进术语计算与知识组织的跨学科结合，寻求智能化知识服务的新突破。笔者主要研究方向是知识组织和自然语言处理，恰好具备图书情报学、计算机和语言学等方面复合型知识结构，加上在知识组织工具建设、术语计算、术语服务等方面具备较好的实际工作经验和科研条件，包括主持国家社科基金项目2项、发表学术论文20余篇，获得2项发明专利、6项软件著作权等，这些成果均围绕术语计算与知识组织进行，并在一些重要的科技管理信息系统中产生了较好的应用效果，种种机缘巧合，得以管窥其中奥妙。当然，这是一条鲜花与荆棘相伴、机遇与挑战并存、幸福与艰辛同在的羊肠小道，我们不能奢望"毕其功于一役"，试图通过一本书或项目解决所有问题。倘若能够吸引更多的有志者携手前行，开辟更加宽广的科学大道，那将是本书最大的成功。

宋代理学家张载说"为天地立心，为生民立命，为往圣继绝学，为万世开太平"，这是做学问的高层次境界，千百年来激励人心、催人奋进。在大数据和人工智能时代构建高水平知识库，这既是为我国智能信息处理事业"立心""立命"，有助于提高我国的智能化技术水平和服务能力，也是科技工作者"继绝学""开太平"的责任担当和价值体现。我们应该与时俱进，在术语计算和知识组织的结合上有更多、更大的作为，推动更强劲的"中国芯"率先巍然屹立在中华大地上。

目　　录

图表目录

第一章 绪论：知识为体，术语为用

本章导读

本章主要以术语和知识组织的关系为对象，介绍以下内容。

● 术语与知识组织的关系是什么？二者应如何结合？

● 大数据时代，知识组织的现状、趋势和现实需求是什么？为什么术语计算变得更加重要？

● 本书的研究目的和相关背景是什么？如何阅读和使用本书？

1 术语：打开知识宝库的一把钥匙

1.1 术语与知识组织：如影随形的黄金搭档

术语（Terminology）是"在特定专业领域中一般概念的词语指称"[1]，是科学共同体记录科研成果、进行知识交流的重要交际工具。随着知识的不断积累，术语的数量和所涉及的领域也在逐渐丰富，已经成为人们开展科技交流、学术研究和生产劳动的基础性工具。近年来，随着自然语言处理技术的深入发展和海量文献的迅猛增长，术语学与知识工程、自然语言处理技术等深度结合，人们开始以术语为基础，从工程化的角度进行专业领域知识的表示和挖掘，形成可供计算机利用的专业领域知识库，这已经成为术语研究的重要课题，并引起人工智能领域的关注[2]。

知识组织（Knowledge Organization）是"以知识为对象的诸如整理、加工、表示、控制等一系列组织化过程及其方法"[3]，本质上对知识进行有序化、规范化的一门科学，形成了包括元数据、叙词表（主题词表）、分类表、术语数据库、规范文档、百科辞书、本体等多种类型的知识组织工具（Knowledge Organization System）。知识组织工具以术语为基本单位，实现知识的有序化组织，不仅广泛应用在图书文献的标引、分类、检索等传统领域，也是进行计算机自动知识处理的重要基石，对智能检索、自动分类、机器翻译、科技监测等都是非常重要的支撑[4]，形成"情报语言学"这一特定研究领域。

术语与知识组织密切相关。我国著名情报语言学家张琪玉、侯汉清明确指出，"可以认为，一种情报检索语言就是一个经过精细组织的术语集，是一个特定范围的术语体系""情报语言学与术语学，两者从不同目的和不同角度共同研究科学术语，而且其研究内容在很大程度上是相同的。但术语学的研究比情报语言学对术语的研究更为深入、透彻和全面，情报语言学研究术语主要是为了对术语的正确选择和组织。因此，情报语言学与术语学的关系，实际是应用与被应用的关系。情报检索语言的创制，是以术语学的研究成果为基础的"[5]，这一论断将术语与知识组织的关系讲得非常透彻。国际术语信息中心 Infoterm 自 1987 年以来，以"术语和知识工程"（Terminology and Knowledge Engineering，TKE）为主题，已经成功召开了十余届国际会议[6]；国际知识组织协会 ISKO 也多次召开以术语和知识组织为主题的研讨会[7]。特别是自 1998 年计算语言学国际会议 Coling-ACL 召开"计算术语学"研讨会以来，"计算术语学"（Computational Terminology）逐渐形成一门学科，它以自然语言处理方法和技术为基础，实现术语自动发现、抽取、分类、翻译等技术，支撑知识工程等应用[8]。本书所指的"术语计算"即从计算术语学的角度，实现对术语知识挖掘和处理的相关技术。

在实践中，术语资源是构建知识组织工具的基本材料，按不同的逻辑结构形成叙词表、分类表、术语词典、本体等知识组织工具；同样，知识组织工具可以作为人机两用的术语知识库，直接用于术语服务、知识挖掘等。可见，术语与知识组织已成为密不可分、互相依存的整体，从术语角度能够为知识组织研究提供更精细的材料与技术，而从知识组织角度则可以对术语蕴含的知识体系进行整体构建与服务，二者如影随形、殊途同归，共同构成了大数据环境下知识服务的基石。

　　学术界和产业界对术语与知识组织的关系的研究已经走向融合，产生了良好的社会效益和经济效益。在理论方面，语义网、关联数据、知识图谱及其他新型知识组织理论研究和工程实践，已经彰显了术语与知识组织相互结合的可行性。在大数据环境下，更加突出知识组织工具的语义性，通过词间关系、属性描述、知识单元等构建概念网络，形成更加完善和细致的知识组织框架[9]，出现了语义网（Semantic Web）、关联数据（Linked Data）、知识图谱（Knowledge Graph）等新兴理论，知识组织的颗粒度不断细化。国际计算机领域的桂冠"图灵奖"获得者Berners-Lee 于 2000 年提出了语义网理论[10]，使用本体模型来形式化表达数据中的隐含语义，试图通过机器可理解的本体知识实现知识之间的语义互通，被万维网联盟 W3C 广泛推广，语义已经成为知识互联互通的必要基础。语义网以知识组织为基础，侧重于知识的表示、推理、存储等，形成便于计算机使用的知识库资源，提高计算机智能化水平；关联数据则侧重于从语义层面强化知识之间的关联，是一种用来组织、发布和链接各类数据、信息和知识的规范，在现有万维网基础上构建一张计算机能理解的语义数据网络，使人们能够准确、高效、可靠地查找、利用这些相互关联的信息和知识，它为语义信息组织工作提供了一种轻量级、渐进式、可伸缩和可扩展的动态机制。在应用方面，谷歌公司（Google）提出的知识图谱作为知识组织的一个新兴方向，依靠强大的语义表达能力和自动处理技术，有望从深层次上揭示知识的整体性与关联性，实现大数据时代知识的有效组织，并显著提升信息检索、信息推送、知识导航等智能化水平。DBpedia 是一个在线关联数据知识图谱项目，它从维基百科的词条中抽取结构化数据，并将这些数据以关联数据的形式发布到互联网上，满足在线网络应用、社交网站或者其他在线关联数据知识库的需求[11]。此外，常见的知识图谱项目还有 YAGO、CYC、Probase 及 UMLS（详见附录 C），它们侧重于描述语义知识、构建概念知识库，在知识组织方面各具特色，展现出在术语与知识组织研究方面的新动向。可以说，知识组织工具已经突破了传统的图书文献领域限制，在知识描述机制、计算方法、应用服务方式等方面形成了一些突破性进展，为大数据环境下以术语为中心、开展知识组织和知识服务提供了有益的借鉴[12]。

1.2　大数据时代的知识组织：在继承中创新，在创新中发展

科学就是不断追求真理、螺旋式上升的过程，继承、创新和发展一直是知识组织的主旋律。人类已经进入了大数据（Big Data）时代，多源异质、结构松散的大数据给知识组织带来了新挑战，知识组织研究和应用正呈现新的动向[13-14]，发生了"柔性化""精细化"和"自动化"这3个显著变化。

①知识关联已经从传统的逻辑因果关系逐步转变到数据相关关系，呈现"柔性化"趋势。尽管每种知识组织工具都有其预定的语义框架和关联关系，但现实中知识的关联更多的是概率上的或然性而非理性上的必然性，通过文本挖掘等技术，可以弥补逻辑因果关系造成的知识偏离，发掘知识客观、普遍而深入的知识关联体系。从应用上来说，知识组织作为一种实用工具，其实用价值往往是作为现实目标放在首位，并以技术手段逐步逼近"精准""智能"等远期目标。近年来，用户自主标注关键词（标签）、大众分类法、网络百科等传统上被视为"非规范"的柔性化知识组织方式，已经突破了分类法、叙词表、本体等严格控制而近乎苛刻的知识组织体系，具有相当广泛的用户基础，其原因之一是大数据环境下知识组织逐步从传统的"规范控制"转向"开放关联"，从阳春白雪的"学院派"走向雅俗共赏的社会大众。因此，大数据环境下，柔性化的知识组织方式不仅符合知识内在的逻辑要求，也是用户自由、有效获取知识的现实需要，将为知识组织带来深刻变化。

②从强调显性知识描述转变到重视潜在语义关联，逐步精细化。传统上，由于受到技术条件的限制，人们往往聚焦于某一特定领域开展比较深入的知识组织，侧重于对明确、共识性的知识进行记录，但对于隐含、非共识的知识一般很少涉及，这会造成一定的知识损耗。而大数据

环境下，人们需要对知识进行"穷形尽相"的描述，实现对知识进行全方位、立体式的揭示。幸运的是，由于自动聚类、自动分类、知识单元抽取和可视化等技术的支撑，知识之间的多维关联比较容易实现，知识的关联性大大提高，更加致密、紧凑的"知识网"已经清晰可见。在潜在语义关联挖掘方面，术语计算和知识组织具有天然的共同契合点。

③从主要依靠专家手工构建转变到以机器自动处理为主的智能化知识发现、推理与重组。大数据环境下，术语计算等技术显著降低了传统算法的复杂度，通过一些简易的算法在大规模语料库、术语库或互联网资源中进行文本挖掘，其计算结果可能比传统上的复杂算法取得更好的计算效果，而成本则显著降低，更新速度明显加快。术语计算等技术有助于将专家从繁杂、低效的工作中解脱出来，聚焦到知识库的设计和优化等工作上，二者相得益彰、相互促进，共同形成良性的"数据智能"。

"回头看"是为了更好地"向前走"。将传统知识组织与大数据下的知识组织方法进行梳理，绝不是贬损前人的工作成果，事实上，前人在当时的时代背景和技术条件下，已经开创出一条富有成效的路子，我们不能过多苛求；研究大数据时代的新动向，恰恰是为了更好地接过前人的"接力棒"，与时俱进，更好地创新和发展。应该看到，知识组织的基本目标、理念和方向保持了基本稳定，并未发生根本性变化。知识组织的目标是通过知识的深度组织和关联，实现知识有效服务，这一目标没有变化。知识组织的核心是词语（术语）和语义关系，术语和语义关联性是实现知识关联、重组和利用的重要基础，是所有知识组织工具的共同点，这一理念并未变化。知识组织工具本质上是机器可读、人机两用的语义知识库，使计算机能够"理解"人类的语言交流意图，从而更加智能地反馈给用户需要的信息，这一方向也没有发生变化。因此，以术语为切入点，能够找到各类知识组织工具的"最大公约数"，将术语计算技术与知识组织理论紧密结合，构建符合大数据要求的新型知识组织工具[15]。

从整体上来看，大数据、知识、领域知识与知识组织工具的关系密不可分。大数据隐含了丰富的知识内容，其中相当数量是与专业领域有关的专业知识,这类知识以术语与知识组织工具(KOS)进行组织、描述和管理。换言之,术语与知识组织工具将领域知识以有序化、系统化的方式进行组织和管理,以计算机"可计算"(Computable)的方式对大数据进行有效挖掘和智能处理,最终为社会提供有效的知识服务。可以说,术语计算与知识组织是进行知识管理与服务的两把利器,是图书情报、术语学与人工智能等多个学科交叉的前沿领域,具有重要的科学价值和应用前景,如图 1.1 所示。

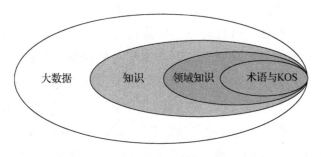

图 1.1　大数据、知识与术语的关系

2　国内外前沿概览:以他山之石,攻我之美玉

2.1　术语计算:知识组织的轻骑兵

将术语计算与知识组织研究相互结合,在国际上已经取得了重要进展,是当前国际知识组织研究的重要方向。在工程实践方面,德国 Term-Watch 项目对术语进行形式化分析和处理,并用于科技监测;美国国立医学图书馆推出了 UMLS 在线术语服务,对 158 部医学词表中的术语进行集成式统一检索;OCLC 通过 LCSH、DDC 等词表映射匹配实现互操作,提供基于 Web 的术语服务;联合国粮农组织多语种叙词表(AGRO-VOC)网络术语服务使检索过程标准化;英国高级叙词表 HILT 项目实现基于 SKOS-Core 的可扩展的 Web 术语服务;国际医疗术语标准开发组织 IHTSDO 术语数据库、德国 LEXIS 多语种术语数据库、加拿大 TERMI-

UM 术语库被广泛应用，提供多种语言的在线术语服务。此外，IEEE 推出的顶层本体 SUMO（Suggested Upper Merge Ontology）也在试图将包括叙词表在内的知识组织工具进行融合，以支持语义网的构建。基于术语的语义研究正在引起学术界的高度重视，Almeida 等在语义网环境下通过上下文语境对知识组织工具中的语义关系进行界定[16]；De Luca 等从词汇关联的角度，展示了如何重用语义关系并实现语义推理[17]；Hernandez 从用户交互需求角度提出了知识建模技术，实现对碎片化知识的集成和推理[18]；Sanjuan E 从术语监测的角度，提出了基于图结构的术语聚类方法[19]。国际上，计算术语学（Computational Linguistics）也已经成为一门新兴交叉学科，融合了自然语言处理、图书情报学、术语学、机器学习等多个领域，旨在通过计算模型从大规模术语库或语料库中挖掘知识关联，形成深度知识资源[20-21]。从自然语言处理角度来看，术语作为计算机"可计算"的词汇符号，既具有通用词汇的一般规律，又具有科技词汇的专指性强、歧义少等特有特性，是构建计算机可读知识库的重要研究内容，有望促进当前叙词表等知识组织研究走向深入，与人工智能、认知科学、数据科学、知识工程等前沿科学产生交叉、产出更多新成果[22]。

我国学者也有比较深入的研究和丰富的成果，大致可以分为基础研究和工程技术两个方面，尽管二者时有交叉，但在学术上仍有较为清晰的分野。

①基础研究方面。图书情报界在知识组织工具构建与应用方面积累了丰富的实践经验，围绕分类法、叙词表、术语知识库、知识本体等形成多种研究成果。这类研究主要侧重于知识组织工具的构建方法，聚焦于术语和知识组织在知识描述方面的基础性、支撑性作用[23]。为了构建知识组织工具，常春等学者研究了网络环境下叙词表编制与更新维护方法，对概念及关系的获取规则进行了深入研究[24]；曾建勋等对网络环境下叙词表表现形态、编制维护方式和功能定位进行了研究，提出了"基础词库—范畴体系—概念关系网络"三级联动机制[25]；滕广青等对知识组织工具的结构和演进路径进行了梳理，指出知识组织体系正在向柔性

化、复杂化方向发展[26]；司莉等对网络叙词表的现状进行了调研，对网络叙词表的用户服务界面提出了构建策略[27]；刘华梅、侯汉清等报道了基于不同受控词表互操作的集成词库建设和可视化显示方法[28-29]；欧石燕还研究了基于 SOA 架构的术语注册与术语服务系统的设计方案，并结合信息检索对术语服务的相关技术和应用领域进行探讨[30]。此外，对术语服务[31]、术语的自动处理研究也有一些成果[32-33]。我国知识组织研究大多侧重于知识内容的组织、管理和应用，但与术语学和自然语言处理技术的结合紧密性还略显不足，在一定程度上制约了知识组织工具的构建效率和应用效果。语义网环境下，术语与知识组织的重要性日益凸显，术语计算将对知识组织工具的构建与发展起到积极的促进作用。

②工程技术方面。在知识工程和人工智能学界，一些学者从语言工程角度对自然语言知识进行研究，侧重于从词汇层面对词义进行描述和语义计算，如同义词词林[34]、知网 Hownet[35]、概念层次网络理论HNC[36]、同义词词典等，建设了具有一定规模的知识库，但是这些资源仍集中在日常通用词汇的描述，对专业术语的语义描述比较薄弱，专业词汇数量也相对偏少，在专业文献领域的应用还有待于进一步拓展。不少计算机领域的专家探索通过术语计算实现知识组织的有效方法，如社会网络分析、共词分析、自动聚类等研究成果。施水才等使用条件随机场模型统计领域术语的词性组合概率，用于识别领域术语，这对于新词发现也有参考作用[37]。吴云芳等从图的角度研究了术语同义关系计算方法[38]。另外，还有学者从复杂网络、词向量、语义计算、深度学习等角度进行研究。整体来看，术语计算作为自然语言处理和人工智能学科的分支领域，已经成为知识工程研究基础性重大课题和共性关键技术，不仅有利于促进术语学和知识组织等基础研究，具有重要的科学价值，而且有利于推进计算机智能信息处理的工程化、社会化应用，进而将传统上松散的术语改造为计算机可用的知识库，促进人工智能的发展。术语计算研究虽然在上述不少方面取得了进展，但由于较少考虑专业领域知识组织的需求，系统性、理论性和工程化方面略显不足，研究方向和研究力量也较为分散，总体上距离"智能信息处理"这一目标还有较大差

距，已经成为制约学科发展和应用的重要因素。

术语计算与知识组织的有效结合，基础研究与工程应用相互促进，有利于主动适应大数据时代的知识服务需求，意义重大[39]。这是因为：术语计算本质上是对语义关联性的计算，基于术语计算，能够为知识组织工具的研制和应用提供强有力的技术手段，改进当前知识组织模式与方法，构建更高效率、更具有智能性的知识组织工具，推动大数据时代科学知识的发现、挖掘与服务。同时，从知识组织的角度对术语计算方法进行研究，能够深化术语和知识组织工具的结合，促进情报检索语言与自然语言的交融研究，推动情报语言学、计算语言学等相关学科的交叉与互补，完善术语学理论、方法和技术。此外，还可以应用于智能检索、分类导航、数字出版、科技决策等领域，扩大术语和知识组织的社会化、网络化应用，推动知识服务走向深入。因此，开展术语计算和知识组织研究、推动二者的紧密融合，是大数据环境下实现自动化、智能化、精准化知识服务的重要基础。它既顺应了语义网、关联数据、知识图谱、知识聚合等国内外前沿热点理论的核心理念，又推动了图书情报学、自然语言处理、机器学习等多学科深度交叉，具有重要学术价值；它既是未来人工智能领域的核心共性关键技术之一，有助于我国抢占人工智能科技发展制高点，又是经济社会发展和产业应用不可替代的基础性知识工程，直接服务于国家战略和社会应用。

2.2 叙词表：术语计算的试验田

面对海量数据，人们亟须能够快速而准确地获得有用的知识。叙词表（Thesaurus）也称为"主题词表"，是一种较为成熟、有效的知识组织工具，适用于专业知识的管理和服务。我国图书情报界先后编制了《汉语主题词表》《交通汉语主题词表》《军用主题词表》等百余部叙词表，形成了《GB/T 13190—1991 汉语叙词表编制规则》等一系列相关标准，有力地促进了我国知识组织研究工作的发展和应用，在信息检索、文献编目等领域取得良好的应用效果[40]。叙词表具有较为完善的知识组织架构，大大提高了信息的有序性和可用性，弥补了传统关键词检索的不足，在信息时代发挥了非常重要的作用。但由于叙词表收词量偏小、应用范围偏窄、更新不够及时等，导致在大数据时代出现了某些不适应，特别是在语义关联方式、关联技术及构建方式等方面还需要继续改进，以适应大数据环境下的知识服务需求。

以叙词表为例，开展术语计算和知识组织研究，不仅能够有效解决叙词表发展中的突出问题，而且对于整个知识组织研究都具有重要的示范性作用。首先，叙词表基于规范控制理论，是比较成熟的知识组织工具，语义结构简单明确、规范性好、逻辑性较强，是轻量级本体（Light Weight Ontology），向上可以细化为语义关系更为紧密的本体，向下有效连通术语库、分类表、规范文档等基础，在知识组织工具体系中具有承上启下的作用，因此，本书的研究成果不仅对叙词表编制具有直接的促进作用，而且对其他类型的知识组织工具也有较强的通用性和良好的示范作用。其次，叙词表等资源是语义网的基础资源，将各种异构知识组织工具进行相互关联与映射，进而打破信息孤岛，实现语义层的互联互通，可以为大数据环境下的知识服务提供支撑，更好地深化其在情报服务、科技决策、智能检索、语义出版等领域的应用。最后，我国以《汉语主题词表》为代表的叙词表编制提供了丰富的研究积累和现实需求，新型叙词表编制也急需术语计算技术的支撑，本书以《汉语主题词表（工程技术卷）》为前期基础和应用场景，相关成果可用于完善我国以《汉语主题词表》为代表的知识组织工具构建方式，持续推动知识组织研究和应用。

3　本书导读

本书共分 6 章，按照"理论""方法""技术"和"应用"这 4 个逻辑角度依次进行阐述。理论部分主要包括术语学和知识组织两个方面，从宏观和微观角度阐述术语知识表示及其在知识组织中的描述框架；方法部分是从用户的角度，对术语和知识组织工具进行分析，讲述人机交互、术语使用、术语更新、用户协同等方法，形成以用户为中心、智能化演进的知识组织方式；技术部分则强调可操作性，以实验验证该方法的可行性，重点包括同义词计算、自动分类、自动聚类、知识单元抽取等，能够为知识组织工具的构建提供自动化的技术支持；最后，选择了术语服务、辅助标引、语义出版、专家发现 4 个典型的应用场景，对术语计算和知识组织的效果进行验证。总体来说，在理论的指导下，形成完整的构建方法和技术，并通过大量真实数据进行实验，以服务于实际应用，这是本书的主要脉络。

3.1 章节安排

第一章"绪论"，在大数据环境下，对知识组织的发展趋势进行总结，对术语计算与知识组织的发展现状、相互关系和研究意义进行简要介绍，厘清本书的主要概念和研究对象。

第二章"术语知识表示"，主要讲述术语知识的表示方法，从宏观和微观层面构建术语知识描述框架，形成较为完整的术语知识库构建方法，在复用现有知识组织工具的基础上完成术语知识库的构建。然后，以《汉语主题词表》的术语描述框架为例，进行 SKOS 形式化描述，形成人机两用的术语知识库。构建表达规范、结构统一、具有较高覆盖面的术语知识表示机制是本章的核心。

第三章"以用户为中心的知识组织"，主要从用户使用的角度，对叙词表、百科等知识组织工具中的术语使用机制进行介绍，对知识组织工具在人机交互、使用规律、术语更新等方面的理论和方法进行研究，从而形成具有较强人机交互能力的知识组织方式。然后，以开放环境下百科知识服务为例，提出了术语知识库的建设对策。本质上看，术语知识库"取之于用户，服务于用户"才能获得更持久的生命力，本章力图从用户角度对此进行研究。

第四章"术语计算技术"，围绕叙词表等知识组织工具的基本技术需求，提出基于语料库的术语释义抽取、基于分类推导—归并的自动分类、基于二步聚类的自动聚类、基于词形和镜像翻译的同义词计算、基于依存句法语义分析的知识单元抽取等多种技术，知识的颗粒度依次细化，为构建知识组织工具提供有效的技术支持。这些方法和技术大都经过了实验验证，准确率虽然未必很高，但由于采用了大数据的计算思维，结合了大规模语料库和术语库海量数据，对知识组织工具的研制起到了较好的支撑作用。

第五章"术语示范服务与应用"，以面向用户检索的术语服务、面向机器的辅助标引、面向知识出版的术语词典编纂、面向科技决策的专家发现这4个典型场景为例，对术语计算的效果和知识组织的方法进行了实证研究，初步证明术语计算和知识组织具有的应用价值。

第六章"总结与展望"，从知识聚合的角度，对术语和知识组织在知识服务中的发展前景进行前瞻，提出大数据环境下知识组织的定位与对策。

"附录"包括3个部分："国外知识组织协会调研"，是帮助读者了解近年来国内外研究机构、国际组织和相关产业界的做法，"他山之石，可以攻玉"，为我国同行积极融入国际潮流提供参考；"汉语主题词表研究热点与发展路径"，则是对我国以《汉语主题词表》为代表的知识组织研究脉络进行梳理，帮助读者熟悉我国在知识组织研究方面的现状；最后，列举了国际上知名度较高的一些知识组织与术语服务项目，帮助读者更直观地了解知识组织工具与术语的真实面貌。

3.2　阅读指南

本书适合进行"碎片化"阅读，读者可以根据实际需要选择性地阅读相应章节，以节约时间、提高效率。如果要一般性了解整体情况，通读"绪论""本章导读"和"附录"即可；如果要深入了解具体理论、方法、技术和应用等，可以分别在第二章至第五章寻找答案；如果要了解知识组织国内外进展、叙词表研究现状及常用知识组织工具等，可以径直查阅"附录"部分，快速了解业内现状。当然，如果读者愿意再慷慨一点，拿出时间仔细通读全书并有所收益，则是本书最大的成功和安慰了，笔者当倍感荣幸。

任何事物都有局限性，本书也不例外。"术语计算与知识组织"当然是一门复杂、深奥的大学问，本书无意、也不可能进行面面俱到的研究和介绍。即以现有内容而论，也仅仅是在某些重要点上做了一些初步的尝试，虽然已经证明大多有一定的辅助作用，但难免受到数据资源、算法原理和使用场景的限制，加上笔者学识能力和客观技术条件的制约，谬误之处在所难免，准确性最终还需要依靠专家或人工对知识内容进行判定和改进。

　　笔者愿意抛出"砖石"，引来读者之"美玉"，与业内同行一道，共同推进这门科学的发展。

第二章　术语知识表示：
探究术语背后的奥秘

本章导读

从术语学和知识组织理论层面对术语所蕴含的 3 类知识进行讲解，以构建语义清晰、描述规范、兼容互通、人机两用的术语知识库。本章尝试探讨如下问题。

- 从理论上看，术语包括哪些方面的知识？应该如何描述这些知识？

- 如何"复用"现有知识组织工具中的术语，以便更快地构建术语知识库？

- 站在计算机的角度，如何帮助计算机更智能地"理解"和使用这些术语知识？

1　术语知识表示模型：让计算机读懂"知识"

术语可以是词，也可以是词组，是专业领域中概念的语言指称[41]。本节根据术语学的基本理论和术语的产生过程，对术语所涉及的主客体关系进行辨析，从理论上明确术语的知识属性；然后，将术语知识分为概念知识、语言知识和专业知识 3 个层面，在统一的框架下建立描述模型；最后，采用 XML 语言对术语所蕴含的各类知识进行形式化表示，形成术语知识库。

1.1　术语与知识关系模型：从语言学的视角

结构主义语言学家索绪尔将语言区分为"能指"和"所指"两个角

度，可以分别适用于术语的形式符号和语义描述。术语是对客观世界的符号化。人们尤其是科研工作者在认识客观世界的过程中，对客体对象进行研究、归纳、分析、综合和演绎，将知识成果浓缩为术语，并赋予相应的语音和文字符号，约定俗成，成为术语[42]。因此，术语是人类词汇丰富而重要的组成部分，是对认知概念的符号化，每个概念对应特定的术语，如图 2.1 所示。

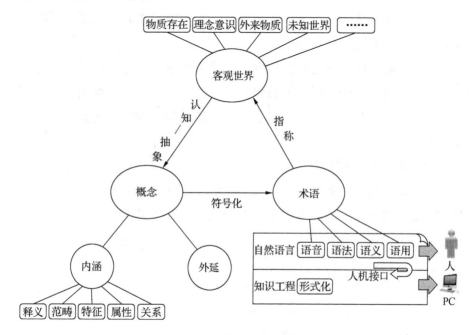

图 2.1　术语与知识关系模型

具体而言，术语与知识关系模型分为 3 个层面，即当前存在的客观世界、人类认知形成的概念空间和基于语言符号系统的语言空间。

（1）客体知识概念化

人们面对的客观存在包括物质存在、理念意识、外来物质及未知世界等，人类通过认知系统并辅以必要的科研实验环境，实现对客观世界的认识和总结，将这些认识的成果投射到主观世界，形成概念体系，并成为构建知识组织工具的基础。人类的认知和抽象能力是获取世界知识的一种基本途径。

（2）概念系统有序化

概念属于思维的范畴，可以分为内涵和外延两部分，概念内涵是对概念的内部本质特征进行阐释，包括概念范畴、对象释义、概念特征、属性、概念关联等，重点解决"是什么"的问题。概念外延是对概念的外部属性进行描述，包括类推、实例化等，重点揭示"哪些是"这一命题。由此，实现对概念系统的有序化组织，形成概念关系网络。概念系统的完善程度直接反映了知识的完备性。知识组织主要是从概念系统角度实现对知识的统摄和有序化。

概念空间具有超越语言的特性。不同语言中，虽然术语对应的语言形式和文字符号有所不同，如英语、汉语、日语等，但每种语言都可以对同一概念进行符号化描述，这也是人类知识能够翻译和传播的基本原理之一。

（3）知识系统符号化

语言是人类交际和思维的工具，其本质是知识表示符号系统。术语是约定俗成的，一个新的术语被本专业领域的人士普遍接受和使用，就具备了成为术语的潜在资格。随着时间的推移，术语逐渐被固定和规范下来，表示相对专指的概念。

作为人类语言的组成部分，术语具有相应的语音、词法、词义和文字符号。语音用于记录术语的发音；词法是构词的规则和词性，术语一般表现为短语、词汇等形式，词性一般为名词或名词短语；词义主要是指术语的内涵所指，对外延较少涉及。概念的含义不能简单从字面上推测，如"热狗"是单纯词，不能单纯从字面上简单臆测为"发热的狗肉"，而必须从术语的概念角度获得其理性知识。与日常词汇相比，术语语义最大的特点是语义单一，专指度高，能够准确地反映所指事物。

在计算机环境下，术语必须尽可能形式化地转换为机器语言符号，把人类可识别的文字符号进行再次"编码"，转换为能够被计算机"理解"的形式语言，才能具备语义计算、自动推理等智能化操作的符号基础。面向计算机的知识表示方法包括谓词逻辑、产生式规则、语义网络等，采用知识描述语言（Knowledge Representation Language，KRL）进行形式化转换，形成便于计算机使用的术语知识库。

1.2 术语知识表示框架：让电脑更聪明

术语知识包括概念知识、语言知识和形式化知识 3 类，针对每类知识分别处理，有利于对知识进行精细化描述，提高知识建设的完备性和适用性，构建人机两用的知识库。

（1）概念知识

概念知识是与语言形式（语种）无关的知识。术语和知识组织的共同目标是揭示客观世界的概念知识，归纳成概念体系。对概念的描述是术语知识的核心，也是计算机处理术语知识的关键。概念知识包括范畴、属性、定义、词间关系、知识元、关联知识等。现有的知识组织系统主要侧重于构建专业领域的概念体系。

（2）语言知识

语言知识是从语言角度展开的描述。术语具有丰富的语言属性，是语言学研究的主要内容之一。它以特定的术语为描述对象，如在汉语中，对术语可以以字为基本单位，采用向前一致、向后一致等方法，实现对术语的初步聚合；在英语中可以以词根为依据，对同义词进行初步聚合。对语言知识的描述，是实现知识传递、人机交互等操作的基础。语言知识包括语音、构词法、词性、语义、语用、多语翻译等。

（3）形式化知识

对知识进行形式化表示，是计算机进行知识处理的必要步骤。对于概念知识和语言知识，必须采用知识描述语言进行形式化描述，形成可供计算机读取和计算的符号体系，才能被计算机所使用。对知识的形式化描述分为两种：一种是采用规范化的人工语言，对术语知识进行描述，如 OWL、SKOS，便于知识的共享和使用；另一种是对术语的语义内涵进行细分，区分出术语的基本单元和组合规则，从更细致的颗粒度上进行语义处理。例如，知网 Hownet 以"义原"为单位，对词语采用语义符号进行细分，便于计算机把握词语的概念内涵。

　　术语知识可以采用 XML 进行半结构化的表示，分别揭示概念知识、语言知识和形式化知识等，如图 2.2 所示。

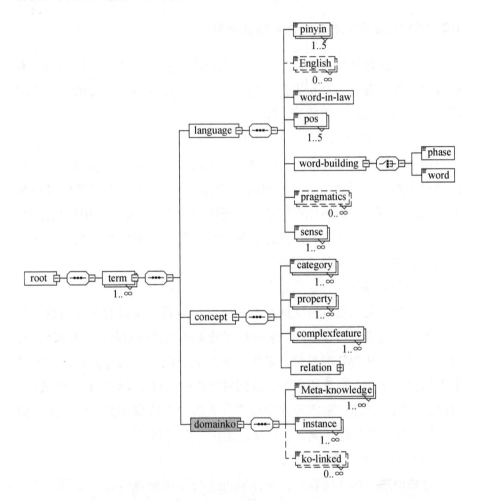

图 2.2　术语知识表示框架

　　概念知识、语言知识与形式化知识是术语知识的 3 个基本层面，相互依存、不可分割，共同构成了计算机进行知识处理的 3 个基石。虽然不同的理论对术语知识的描述角度和形式化手段各有差别，但其核心内容仍然是知识获取和知识形式化表示，把术语符号的关联性以形式化规则明确地揭示出来。术语学、专业领域科学和计算机科学彼此合作，共同完成知识组织这一工程。当前，借助知识描述工具对术语进行形式化是术语知识模型的重要方面，可以借助现有的知识描述语言对术语知识进行揭示。例如，在知网 Hownet 中，对"安眠药"的形式化表示为：

｛medicine｜药物：modifier =｛able｜能：Scope：=｛uege｜促使 = resultevent =｛sleep｜睡｝｝｝｝

其含义为："安眠药是一种能促使人睡觉的药物。"

在概念层次网络理论 HNC 中，则直接采用"pwa82 * 1"来表示这一概念，计算机通过解析该符号可以获得词语的确切意思"安眠药是一种对人体睡眠有效果的人造药物"。知识描述工具中的每个符号都有确切的含义，便于计算机无歧义地"理解"概念知识。

采用 XML 格式对术语所包含的知识进行形式化描述，具有结构化强、描述清晰、可读性好、便于共享等诸多优点，是构建机器可读知识库的可行选择。国际万维网联盟 W3C 推出了一系列基于 XML 的知识描述工具，如面向主题词表的 SKOS、面向本体构建的 OWL，这些工具对于术语知识描述也有很大帮助。对于术语知识来说，可以采用 XML 构建初步模型，然后向现有的描述语言进行转换。以下以"玉米"一词为例，说明术语知识的形式化描述过程，如图 2.3 所示。

按照本章 1.1 小节提出的术语与知识关系模型，人们对客观世界中的"谷物"这一客观对象进行科学研究，通过人类认知系统的抽象能力，获得关于"谷物"的内涵和外延，进而从语音、语法、语义等角度给"谷物"这一符号赋予特定内涵，并将"玉米"等作为该概念的实例。为了便于计算机利用，可以采用知识描述语言进一步进行形式化，形成计算机专用的符号系统，存储在计算机的知识库中，供后续"计算"调用。由此，计算机在处理术语知识、完成术语计算时，具备了一定的推理、判断等智能性。

采用 XML 语言对"谷物"的实例词"玉米"描述结果如下。

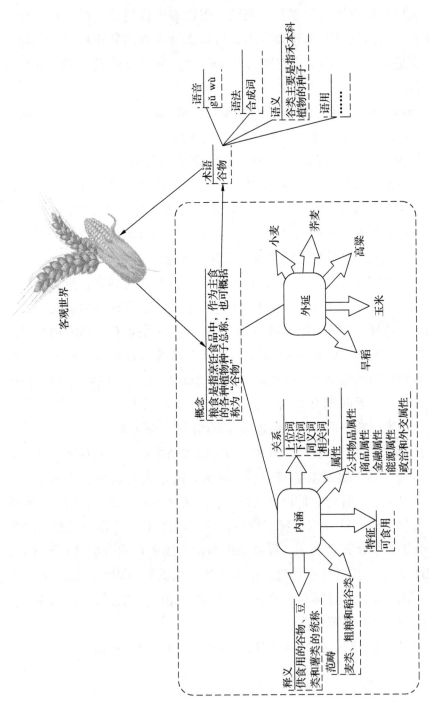

图 2.3　术语知识形式化描述举例

- < term >
  - < language >

      < pinyin > Yù mǐ </pinyin >

      < English > maize </English >

      < English > corn </English >

       < word-in-law > 玉米 </word-in-law >

      < pos > 名词 </pos >

  - < word-building >

      < word > 单纯词 </word >

    </word-building >

    < pragmatics > 中国歌手李宇春粉丝的称呼 </pragmatics >

    < sense > 一年生草本植物,茎粗壮,叶子长而大,花单性,雌雄同体,子实比黄豆稍大。是重要的粮食作物和饲料作物之一。 </sense >

    < sense > 这种植物的子实。 </sense >

    </language >

  - < concept >

      < category >45CJ </category >

      < category >49EJ </category >

      < property > 草本植物,粮食作物,饲料作物 </property >

      < complexfeature > 植物子实 </complexfeature >

  - < relation >

      < UF > 包谷 </UF >

      < UF > 玉蜀黍 </UF >

      < BT > 禾谷类作物 </BT >

      < NT > 马齿玉米 </NT >

      < NT > 甜玉米 </NT >

      < NT > 硬粒玉米 </NT >

      < RT > 杂种优势 </RT >

    </relation >

```
</concept >
```
－ < domainko >

　< Meta-knowledge > 玉米(学名:Zea mays),亦称玉蜀黍、包谷、苞米、棒子;粤语称为粟米,闽南语称作番麦,是一年生禾本科草本植物。</Meta-knowledge >

　< instance >老玉米,玉茭,玉麦,包谷,苞米,棒子,珍珠米 </instance >

　< ko-linked >特征形态,地理分布,基本分类,种植栽培,病虫害,营养价值 </ko-linked >

```
</domainko >
</term >
```

1.3 小结

　　术语知识表示的深度与具体应用紧密相关。各种知识组织工具主要是从概念出发,对术语进行组织和相互关联而形成的,主要关注概念知识。同时,为了便于计算机处理,还必须对语言知识和形式化知识进行描述,以适应计算机自动处理的需要。因此,从知识工程的角度考虑,针对不同的应用目标,对术语知识的描述项可以有所侧重,有利于快速构建面向特定领域或者特定目标的知识库。

　　术语知识的表示模型为术语各层面知识的有机融合提供了一个基本框架,有助于提高知识组织工具编制的效率和使用效果,形成人机两用的知识资源,进而为分类表、叙词表、本体等知识组织工具的构建和应用奠定基础。

2　术语知识库构建:将知识变成"记忆"

　　术语知识库是知识组织的重要基础,能够记录现有的领域知识。它对各类专业领域知识进行组织、描述和管理,为用户进行专业知识的学习、交流与传播提供帮助,是开展知识服务的重要基石;同时,术语知识库作为计算机可读的知识资源,是进行深层次知识自动挖掘、语义计算、情报分析等的重要基础资源，可以直接用于智能检索、分类标引、机器翻译等深层次的情报服务。目前，我国国内虽然已经建设了一定数量的术语知识库，但数据资源大多以术语静态收集为主，面临着术语资源类型单一、语义结构难以互通、术语知识更新困难等问题，因此，有必要对术语知识库建设流程、语义模型和建设技术进行梳理。

术语知识库涵盖了术语采集、知识描述、融合映射、术语挖掘与服务等完整流程，这也是知识组织的核心技术；知识组织工具是由大量术语组织而成的知识体系，现有叙词表、分类表、术语表、术语词典等知识组织工具已经囊括了大量的术语资源，可以直接作为术语知识库的天然来源。因此，按照统一的知识描述框架和规范对知识组织工具中的术语及语义关系进行描述和揭示，是构建术语知识库的可行方法。本节试图从术语知识库建设角度，将现有知识组织工具中的术语资源进行集成和融合，构建人机两用的知识资源，为高效构建术语库、开展术语知识服务提供基础。

2.1　术语知识库构建模型："复用"人类知识

2.1.1　基本模型

术语知识库是知识有序化组织的结果，通过对现有的知识组织工具进行遴选、采集、归并和概念关系的构建，形成具有一定深度的知识结构框架，有利于"复用"（Re-use）前期积累的知识成果。术语知识库的构建过程分为素材库、规范术语库、规范概念库 3 个阶段，层层递进，形成以概念为核心的术语知识库，如图 2.4 所示。

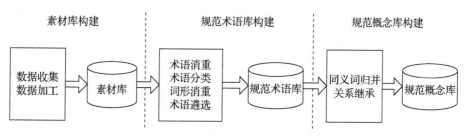

图 2.4　术语知识库构建模型

（1）素材库构建

现有的叙词表、分类表、术语表、专业词典及文献库中的作者关键词，包含了大量的专业概念和词间关系，为术语库的构建提供了良好的素材。对这些存储结构各异的术语资源进行遴选和采集，并以统一的格式存储，形成术语素材库。

（2）规范术语库构建

首先，对术语的学科类别进行界定，为每个术语分配类号，形成以分类为大纲的管理方式；其次，以规范化程度较高、语义关系较为严密的叙词表为主，将素材库中的术语根据完全匹配原则，进行术语归并；再次，对术语的词形进行处理，形成较为规范的术语形式；最后，根据概念的规范性和知识相关性，选择词形、词义、词频等参数，形成规范术语库。

（3）规范概念库构建

各类知识组织工具已经对术语进行了多维度描述，在集成过程中，通过同义词归并确定概念术语，并继承原素材中术语词间关系，形成以规范概念为中心、以术语和语义关系为网络的系统化知识库，从而满足更多用户的差异化需求。进而，按照统一的格式进行管理，采用SKOS语言描述术语知识，根据术语标准化方法保证术语的规范性，实现不同系统、不同操作平台的术语数据格式统一、语义互通，促进知识的沟通和共享。

知识保障是术语知识库建设的一个重要方面。术语库必须既要保证适度的规模，满足不同专业领域用户的具体应用需求，又要具有持续的更新能力，满足用户动态的知识需求；通过引入用户交互机制、术语知识挖掘技术，有助于适应用户动态、差异化的需求。

2.1.2　一体化术语知识融合

为了适应语义网环境下的知识组织与服务需求，有必要打通知识组织工具与术语知识库之间的关联，实现术语管理与知识组织工具构建的一体化。按照知识组织的一般原理，从知识组织工具的实施层面，结合术语知识表示机制，形成一套高效、实用的构建规范流程和优化控制模型，包括知识建模、词表构建及词表集成与规范化等，如图 2.5 所示。

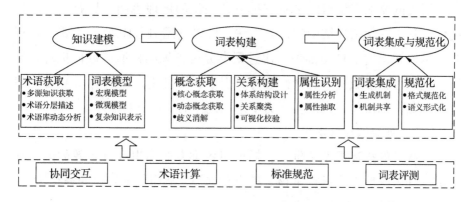

图 2.5　语义网环境下术语与 KOS 一体化模型

（1）术语知识获取

术语获取是构建知识组织工具的基础。以现有的知识组织工具为基础，对各类叙词表、分类表、同义词表、本体等包含术语的词表进行术语采集、归并、存储和评价，从多种知识源中获取术语知识。同时，通过术语发现、术语聚类、术语知识获取等技术，动态扩充和调整术语知识库，实时跟踪不断变化的科学信息。

第 1.2 小节的术语知识表示模型为术语的统一表示提供了逻辑框架。从概念知识、语言知识和形式化知识 3 个层面揭示术语知识内涵，形成统一的术语知识描述框架。同时，对于术语所包含的动态知识和特定领域知识的表示方法也需要进行适度揭示。

（2）知识建模

知识组织工具本质上是对专业知识的有序化表示。以叙词表为例，它以概念为中心、以词间关系为依托，形成多维度的知识表示网状拓扑结构。在宏观角度，在继承传统叙词表框架的基础上，把叙词表中的语义结构加以扩展，对用代关系、属分关系和参照关系进一步细化，提高知识描述的精细度；在微观角度，以概念为基本单元，对不同颗粒度概念进行描述和关联，构造便于知识推理和语义计算的表示框架。总体来说，传统的树状结构逐步向以网状知识表示模型转化，这有利于将各类知识点进行深度关联，实现对知识的高度概括和全面覆盖。

语义网要求知识组织工具支持复杂知识的推理机制，具有一定的智能性。基于网状拓扑结构的计算方法，可以利用 IF-THEN 产生式推理规则对术语知识进行自动推理，通过聚类分析、规则提取、近似推理、规则调整等过程形成一个逻辑推理计算引擎，协助用户（计算机）正确建立并优化知识模型，进而实现对复杂、模糊的知识进行表示。

2.1.3　术语知识辅助发现

在统一的描述框架基础上，需要对各类专业知识进行有效的融合和集成，并由领域专家进行审核、扩充和维护，从而保证知识的完整性。

（1）知识发现

在术语库构建过程中，对内容进行多角度的检查，如对术语的属性值有效性进行自动检测，对词间关系和语义逻辑矛盾冲突的检查等。如果发现某项属性漏填或超出取值范围，或者语义关系有矛盾，计算机自动进行逻辑检查和提示，并生成报错表供专家参考，然后人工对逻辑问题及时进行修改，并且及时删除过时不用的旧词、增加新词或新关系等。

（2）知识保证

传统术语库中，术语的选择和知识描述主要由领域专家根据经验决定术语数量和具体词汇，人为因素大，很容易出现术语遴选不一致，导致叙词表的应用存在偏差。万方数据、重庆维普、CNKI 等大型文献数据库为术语的选取提供了真实客观的数据支持，可以进行量化统计。同时，文献是专家长期积累的结果，包含了丰富的知识，内容更为全面和权威，可以辅助验证术语的科学性。

（3）用户协同交互

采用用户协同交互的方式对术语进行规范化，可以加快术语规范化进程，改善术语库的滞后性。同时，采用用户协同交互机制对规范化术语进行补充，通过对用户检索记录进行统计分析、由用户对规范化术语进行投票等方式，为术语规范化提供参考。此外，术语库为用户提供开放权限，用户可以自行添加词条及对已有词条进行补充或提出合理意见，由管理人员审核后决定是否采纳。

（4）术语计算与挖掘

通过计算机聚类和关联分析动态获得术语知识间的相关关系，将大规模语义相似度计算、共现聚类、可视化等自动处理技术与领域专家知识相结合，进行概念的获取和审核，语义关系更为全面和丰富，效率也会有很大提高。通过释义提取、术语自动分类与聚类、同义词计算、知识单元抽取等计算机辅助技术，逐渐丰富术语知识库。有关术语自动归类、同义词计算、知识单元抽取等术语计算技术，详见本书第四章"术语计算技术"。

2.2 术语知识微观结构：知识组织的"蝴蝶效应"

2.2.1 术语知识描述框架

术语知识库采用统一的描述框架，对多来源的术语知识进行细粒度的描述。在微观层面，每个术语可以从语言知识、概念知识和关联知识3个层面进行描述，如图2.6所示。

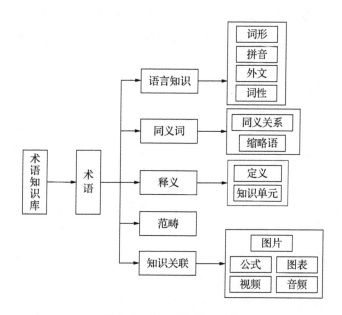

图2.6 术语知识微观结构

（1）语言知识

每个术语的词形、词义、语音、结构、翻译、词性等基本词汇学信息，通过这些符号表达专业领域知识。对每个术语给出规范化的语言知识描述，作为知识描述的重要载体。

（2）概念知识

术语是专业概念的指称，通过范畴、释义、词间关系构成概念关系网络，术语知识库要对这些知识进行显性化揭示。知识单元以更细的颗粒度对术语的概念知识进行了描述，也需要进行专门的刻画。

（3）关联知识

术语知识库是网状的知识结构，与各种外部的知识资源相互交织、相互链接。例如，与术语的动态使用频率、参考图片或音频视频等进行相互关联，在网络环境下，知识之间的链接关系更为自由和紧密，从而有助于语义层次的深度融合。

以知识组织为框架构建知识描述模型，从微观层面设计具有一定通用性的术语描述基本规则和符号，提高术语知识库的逻辑一致性，为实现格式校验、知识链接提供基础，而且便于不同系统、不同操作平台的数据格式统一，促进知识的沟通和共享。

2.2.2 术语知识特征描述

（1）概念抽取

概念的自动抽取是术语知识库持续发展的基本技术。采用机器学习方法从语料库和文献资源中自动抽取术语，构造初始术语集，同时，将新型的知识组织方法引进到术语知识库中。例如，将大众分类法、用户标签中的词语通过同义词计算自动映射到术语集中，扩大词表的适用范围。根据知识范畴、概念凸显度和语言规则制定概念分类机制，重点对术语中的核心概念进行抽取，并提交领域专家进行确定。另外，用户自然标注方法已经逐渐兴起，用户自由标注的词语、标签或者用户日志往往更符合用户的意图，采用自然标注资源进行概念抽取将有利于提高术语知识库概念的完备性和易用性。

（2）概念关系构建

概念关系是术语知识库的核心组成部分，通过概念及概念关系可以表达知识的内在关系。由于术语知识库具有开放性和动态性，词量大、更新快、类型多，因此需要重点加强对词间关系的构建研究，形成规范化、可计算的概念关系网络。

概念关系结构的设计：传统叙词表主要以用代、属分和参照3种语义关系作为关系框架，基本可以涵盖文献中的主要信息，但在网络环境下仍需要对概念关系框架进行二次设计，细化和丰富关系类型。属分关系可以按照概念的多维特征，对上下位关系维度进行明确；参照关系比较模糊，可以进一步细分为多个细类，扩大覆盖面。加强对实例词（如人名、地名、机构名、产品型号等）的关系特征识别，探索实例词向概念词挂靠和映射的技术方法。

不同种类和层次概念关系的聚类需要以语义计算为依托。概念关系可以分不同的维度，可以以概念的语义关联为基础，按照词语的概念内涵插入对应的关系节点上，将关系构建转化为词义聚类问题，借助自动聚类技术丰富词间关系。对于一词多义的词语，需要利用词义消歧技术，对歧义进行自动消解，并采用"近似挂靠"的联想推理技术，与其他词语建立概念关联，近似逼近于知识的本质特征。此外，概念关系往往是模糊的，可以根据不同角度将词语分别属于两个或多个关系范畴，以适应交叉学科背景下信息的多元特征。

（3）属性识别

属性是术语内涵的具体表现形式，包括范畴、知识单元、知识链接关系等，不同属性之间既相互独立，又相互关联。可以通过术语的定义对其核心属性和一般属性进行区分和描述，实现对属性的识别和复用。

为了便于识别术语的属性信息，一是归纳和总结概念词属性的表示模式与规则，形成具有规律性的规则库或语义网络，如实例词可以继承概念词的属性，这样就有利于将开放集的实例词向有限的术语概念进行规约；二是建立属性、词语与信息资源的映射关系，以知识单元的方式从微观层面揭示知识关联，采用更细粒度的网状关系和关联路径，发掘知识之间的隐式关联。总之，结合聚类计算方法、知识单元的特征描述和语义组合规则，采用分面、组配等方法，发挥知识的可组合性，形成推理规则和推理能力，进而识别和理解复杂而模糊的知识。

2.2.3 术语知识互操作与规范化

以叙词表为代表的知识组织工具本身既是独立的知识库，同时也需要从语义层面与各类外部术语资源通过融合、映射、链接等机制进行相互关联，进而实现不同知识组织工具的互操作。例如，以 SUMO 作为顶层知识表示框架基础，选择若干部主干词表，不断吸收和融入新的词表，对概念和概念关系进行统一操作，从而为叙词表的集成奠定基础。在词表互操作方面，重点是解决知识的多维度描述和关联问题。总之，通过术语的映射、融合或集成，实现知识之间的互联互通。

术语集成与映射主要是解决不同知识组织工具的互操作问题。将各类术语资源向叙词表和分类表进行映射，建立多种知识组织工具之间的转换关系，有助于形成网状的语义拓扑结构，为用户提供一站式服务，弥合不同知识组织工具之间的语义缝隙。通过概念分析、词义相似度关系计算、术语共现分析等技术手段，可以实现不同知识组织工具的互通和互操作，在统一的知识组织框架下开展服务。用户通过"精确匹配""模糊匹配"等操作，可以检索到所需的术语，并对词间关系、类属关系进行检索和浏览。

（1）知识组织工具的互操作

基于术语的知识组织互操作主要包括词表集成、融合、链接 3 种方法。词表集成，即选择某个主干词表作为基准，其他词表的大部分术语挂靠到主干表；融合，是将多个词表按照统一的体系进行取舍和重组，遵循共通框架重新进行融合；链接，是不改变原有词表的逻辑体系，通过中介词表将具有等同关系的词语进行索引，建立间接关系。基于术语概念分析，可以将术语与分类体系进行精确映射，形成聚类关系；将术语与主题词进行映射，形成自然语言与规范语言的对应关系；将主题词与分类表相互结合，实现主题分类的一体化操作。

（2）知识对象的语义链接

元数据映射是通过元数据进行各类资源的标注和关联，如基于叙词表语义元数据对资源进行基本描述，形成便于共享和传播的资源。特别是关联数据、语义网等理论的出现，通过 URI、元数据等对网络资源和数字对象进行规范控制，对实现各类资源的有效链接具有重要的推动作用。知识内容之间的多维语义链接关系可以揭示术语各种维度、各种粒度的知识面，并以网状结构对知识单元之间的语义关联进行呈现。

（3）用户标签映射

在网络环境下，用户更倾向于获得更大的自由度，自主决定信息的标引方式和标引深度，因此术语知识库应该支持标签、术语与知识组织工具之间的多种映射，为用户灵活使用各类词语提供便利。在数据层，将用户标签、新产生术语等大量非规范的自然语言映射到规范语言，可以为用户提供简单易用、相对规范的术语数据，有助于提高术语知识的有序性。

2.3 术语知识库：人机两用的知识宝库

术语知识库作为知识组织与检索的重要基础工具，在我国图书情报界和信息文献领域发挥了重要作用。应用领域包括学科分类导航、知识检索、机器翻译、主题可视化服务、语义计算、文本处理等方面，也与标准数据协议、映射或互操作、主题图、向本体转化等多种技术密切相关。

（1）知识学习

向精细分类、概念关系细化、定义注释等多个方向发展，术语知识库具备网络百科的功能，成为用户的网络参考知识工具。对知识管理机构来说，可以利用可视化等多种信息技术，将术语库用于研制开发具备知识节点网络的相关产品。从术语规范化角度出发，术语库也是用户查找和检索规范专业术语、基础词汇和通用词汇的常用工具，具备专业词典的功能。

（2）学科导航与智能检索

按学科分类进行知识导航，可以获得所需类目及相应信息，也可以浏览文献信息资源。由于融合了现有的知识组织工具，术语库具备分类表、叙词表和本体的共同属性，能够实现不同颗粒度的智能查询与检索功能，可以是分类层级类目的批量文献信息获取，也可以是主题概念级别的扩检与缩检，结合其他知识组织工具的映射融合等，可以实现不同目的和条件下的智能检索。

（3）文本信息处理

术语库由一系列专业术语和实例词组成，可根据不同目的，用于切词、信息抽取、聚类、词频统计、情报分析等文本处理基础工作。通过英汉双语对照，可实现英汉双语检索功能等，利用其中英汉对应词库及词间关系，可以为英汉机器翻译系统的开发提供基础语料。同时，利用术语、概念等语料词汇系统，可以拓展研究热点领域监测、专业知识挖掘、领域知识聚类等相关的系列应用。

本书课题组编制的《汉语主题词表（工程技术卷）》作为当前国内规模最大的一部综合性主题词表，已经开展了一些前期探索。首先，基于叙词表标准规范和《汉语主题词表》编制规则，通过互联网获取了包括百科、用户关键词、叙词表和专业辞典在内的大约 350 万条专业术语和 84 部叙词表构建术语库，作为叙词表编制的数据基础；其次，通过同义词计算、共现计算、自动分类、知识单元抽取等技术方法，先对专业领域的术语进行预处理，达到较高的准确率，然后通过叙词表编制平台供多个单位的专家进行概念遴选、协同编制，大大提高了概念选择的准确性和时效性；最后，设计《汉语主题词表（工程技术卷）》网站进行发布（http：//ct.istic.ac.cn），不仅可以使用户浏览、检索各类专业术语及语义关系，学习最新专业知识并检索文献内容，还提供了用户交互功能，允许用户以交互式、可视化方式对知识进行多维度的导航，用于术语服务、文献导航与自动标引等，取得了良好的效果。总体而言，基于互联网大数据和先进的术语计算技术，不仅使叙词表编制效率大大提高，而且应用效果也有了显著提升，证明了本研究的可行性和有效性。如图 2.7 所示，以概念"纳米材料"为中心，可以将叙词表中的代项、分项、参项等语义关系进行网状结构的展示，并提供范畴和释义，准确揭示知识内涵。用户可以在线链接到百科、科技文献等外部资源，实现知识的有效链接；也可以对知识内容进行反馈，以实现知识的动态更新。叙词表的编制和使用方式有了重大变化，第三方单位通过 API 数据接口，可以有效支持自动标引、数据关联等应用，支持语义级的知识聚合，取得了较好的效果。

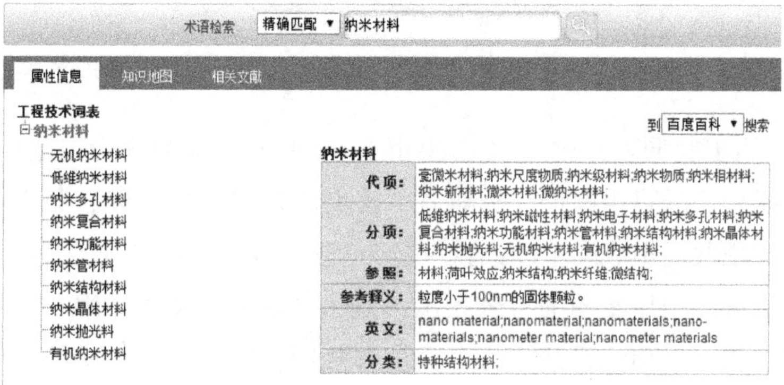

图 2.7　术语网络化应用：以"纳米材料"为例

从以叙词表为代表的知识组织科学来看，术语研究的范围、深度、方式、技术和应用场景有了深刻的变化，将术语纳入知识组织视野、构建以叙词表为代表的知识组织工具，实现术语与知识组织工具的有效融合，在机制和技术上是可行的，并将有力推动语义网的发展进程。

2.4　小结

术语知识库涵盖了知识的集成、融合、揭示、管理、服务等多个方面，是一项系统的知识工程。本节首先设计了术语知识库的构建流程，形成"素材—规范术语—概念" 3 个阶段逐次提升。其次，对微观的知识表示模型进行了界定，并对术语知识库的用户交互机制和术语计算技术进行了理论探讨，实现对术语知识进行多维度的描述，建立术语间的知识链接。最后，将术语知识的应用领域进行了拓展，形成人机两用的知识库，初步证明了术语知识库的应用价值。本章侧重于理论描述，在第三章、第四章将对具体方法和技术进行详细介绍。术语知识库在术语服务系统中起到了基础性作用，为术语服务系统提供了有效的知识资源。

3　术语 SKOS 形式化描述：助力知识处理驶入快车道

本节以《汉语主题词表》为例，对主题词表中的术语进行形式化描述，形成面向计算机处理的、形式化的知识资源。

3.1　《汉语主题词表》结构框架与术语描述：理性主义的规范控制

《汉语主题词表》中表示主题词的基本结构单元被称为主题词款目，由汉语拼音、款目主题词、范畴号、含义注释或事项注释、英文译名和各种参照项共同组成。主题词款目分为正式主题词和非正式主题词两种，通常在叙词表中用不同的符号表示，以示区别。含义注释用于说明主题的确切含义，事项注释格式与含义注释相同，用来注明新增的主题词收入词表的日期等事项。如

gāo wēn fá

高温阀　　　　　［67G］

（温度＞450℃）

High-temperature valves

S　　　　阀门*

其中，"［67G］"为范畴号，"（温度＞450℃）"为含义注释，下面为英文译名和参照项。

bái zào shēng

白噪声（数学）［30Q］

（增词时间：1989 年）

White noise（mathematics）

其中，"（增词时间：1989 年）"为事项注释，表示增补该词语的时间。

在使用 XML 来描述《汉语主题词表》之前，要用 Schema 来定义元素和语义关系，构建元数据模型。用 XML 表示的《汉语主题词表》无须受纸质版本的词汇量及信息量的限制，款目词的所有信息都可以以标签的形式记录在 XML 数据库中。下面是用 XML Scheme 树形结构来描述

《汉语主题词表》。树的第一层结点是来源元数据及款目词信息。来源标签介绍《汉语主题词表》的来源信息，包括来源全称、来源代码、来源缩写、中文译名、来源简介、分类号、出版地、出版时间、出版机构、DDC 号、ISBN 号、来源类型、来源版本等。其中，来源语种以属性标签的形式定义。除来源全称为必选标签外，其他均为可选标签，如图 2.8 所示。

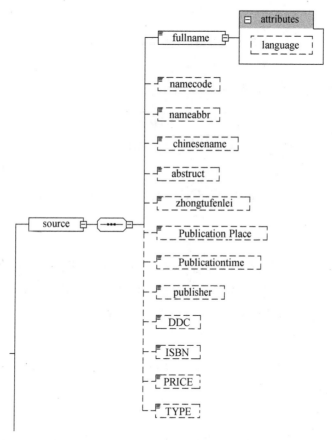

图 2.8　《汉语主题词表》来源信息结构

款目是构成《汉语主题词表》的基本单位。每个款目的下位结点有 5 个：Id 号、款目词、词属性、标签化、语义关系，如图 2.9 所示。

（1）款目词

结点"款目词"标记出术语本身，并以属性的形式标明其为正式主

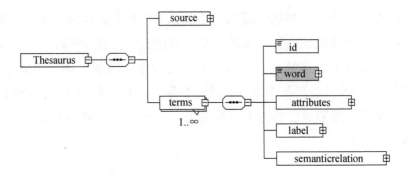

图 2.9　《汉语主题词表》款目树形结构

题词或非正式主题词，如图 2.10 所示。

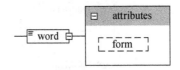

图 2.10　《汉语主题词表》款目词

（2）词属性

结点"词属性"有 8 个下位结点，分别标记该款目词的各类属性，包括汉语拼音、英文、范畴号、中图分类号、学科特性、修订时间、范围说明及定义。其中学科特性、修订时间、范围说明及定义为非必选子结点，其余都是必选子结点。范畴号、中图分类号、学科特性（如化学、数学等学科特有属性）、修订时间、范围说明及定义可能包含多项内容，如图 2.11 所示。

（3）同义关系

结点"标签化"有 2 个下位结点，用来定义款目词间的用代关系，二者均为非必选内容，可能包含多项内容，如图 2.12 所示。

（4）其他语义关系

结点"语义关系"有 4 个下位结点，均为非必选子结点。用以标记该款目词同其他款目词的语义关系。主要关系包括"属、分、参"3 项，另外，用"TT"标记族首词，即具有概念等级关系的一群词中的最上位

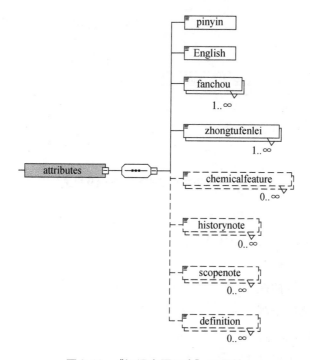

图 2.11　《汉语主题词表》词属性

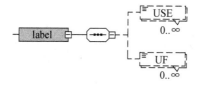

图 2.12　《汉语主题词表》同义关系

词。每个子结点项都可能包含多项内容，如图 2.13 所示。

　　采用 XML Schema 定义和描述《汉语主题词表》框架结构及词间关系，为《汉语主题词表》建立元数据模型。XML Schema 的树形数据结构能够很好地展示款目词的元数据信息和词间关系，树形结构中的所有结点都表现为 XML Schema 的元素，即 XML 中的标签元素，对这些结点的描述表现为对各个标签元素的定义和约束。如款目"芳烃回收"，《汉语主题词表》展示如下。

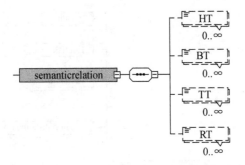

图 2.13 《汉语主题词表》上下位及相关关系

^{fāng tīng huí shōu}
芳烃回收　　　　　［63GA］

Aromatics recovery

D　　芳烃抽提

S　　溶剂精制

Z　　精制处理 *

C　　环丁砜抽提

　　　二氧化硫抽提

　　　甘醇抽提

　　　溶剂萃取 *

其 XML 语言描述如下。

< terms >

　　　< id > 1256 < /id >

　　　　< word form = " descriptor " > 芳烃回收 < /word >

　　　< attributes >

　　　　　< pinyin > Fāng tīng huí shōu < /pinyin >

　　　　　< English > Aromatics recovery < /English >

　　　　　< fanchou > 63GA < /fanchou >

　　　　　< zhongtufenlei > TE62 < /zhongtufenlei >

　　　< /attributes >

< label >

< UF > 芳烃抽提 </UF >

</label >

< semanticrelation >

< BT > 溶剂精制 </BT >

　< TT > 精制处理 </TT >

　< RT > 环丁砜抽提 </RT >

　< RT > 二氧化硫抽提 </RT >

　< RT > 甘醇抽提 </RT >

　< RT > 溶剂萃取 </RT >

</semanticrelation >

</terms >

3.2 术语 SKOS 规范化：与国际接轨的"通行证"

3.2.1 SKOS 语义化描述

SKOS（Simple Knowledge Organization System，简单知识组织系统）提供了表达各种受控词表结构和内容的通用标准框架，将各种现有的叙词表等"翻译"到 SKOS，采用国际通行的标签，可以实现世界范围内各类知识组织工具进行语义互通。SKOS 包括 3 个主要部分：SKOS Core、SKOS Mapping 和 SKOS Extensions。其中，SKOS Core 是一个表示概念体系基本结构和内容的模型；SKOS Mapping 用于描述概念间的映射；SKOS Extensions 用于描述 SKOS 的特定应用[43]。

SKOS Core 主要包括类和属性两部分内容。"类"主要用来声明和描述基本概念及唯一标识，用 skos：Concept、skos：notion 描述。而"属性"则用来描述概念的相关属性、来源信息及概念之间的语义关系。SKOS Core 的属性包括以下内容：概念框架属性、词汇标签属性、文档属性、语义关系属性和集合属性等。

其中，概念框架属性包括 skos：ConceptScheme、skos：inScheme、skos：hasTopConcept、skos：TopConceptof，即概念框架、属于框架、最

上位概念、属于最上位概念。"概念框架"用来声明某个资源是一个概念框架;"属于框架"用来声明某个概念属于某个概念框架;"最上位概念"用来声明某个概念框架中拥有的概念链中的最上位概念,一个概念框架可以有很多最上位概念;"属于最上位概念"描述某个概念是某个概念框架中的最上位概念之一。

词汇标签属性包括 skos：preflabel、skos：altlabel、skos：hiddenlabel,分别用于描述资源所用概念的优选标签、可选标签、隐藏标签。优选标签和可选标签为用户可见标签,用来描述同一概念的不同标记方式,如使用不同语言来表示的同一概念;而隐藏标签是用户不可见标签,用来描述该概念的其他标记方式,如拼写错误等。

文档属性包括 skos：note、skos：definition、skos：scopeNote、skos：example、skos：historyNote、skos：editorialNote、skos：changeNote,分别用于描述概念的简单介绍、定义、使用范围、具体实例、历史信息、修订信息及变化信息。

语义关系属性包括 skos：broader、skos：broaderTransitive、skos：narrower、skos：narrowerTransitive、skos：related、skos：semanticRelation,即概念的上位词、传递上位词、下位词、传递下位词、相关词及语义相关。其中,某个概念的上位词、下位词、相关词都是该概念的直接相关词,并且不可传递;而传递上、下位词用来描述某个概念的直接上、下位词或者越级上、下位词。因此,上、下位词是传递上、下位词的子属性。而前五个属性皆为语义相关的子属性。

集合属性包括 skos：member、skos：memberList、skos：Collection、skos：OrderedCollection。其中,skos：Collection 用来描述具有某些相同属性或特征的概念的集合;skos：OrderedCollection 是这些集合的有序排列;skos：member 用来描述某个集合中的概念成员;skos：memberList 则是这些概念的有序排列。

SKOS 数据结构模型为数据从现有的组织方式向语义 Web 的转化提供了一个规范的低成本选项。同时,也为发展和共享知识组织工具提供了一个直观的语言表示方式。它可以单独使用,也可以同正式的知识表示语言结合使用，如本体语言。因此，SKOS 也是叙词表在转换为本体过程中的基础语言。

3.2.2 《汉语主题词表》向 SKOS 描述转换

XML Schema 语义描述具有定义灵活、计算机存储和校验方便等优点，通常作为中间格式进行存储和交换。但同时，它也具有随意性较大而规范性不足的问题，为了与国际规范对接，还需要在完成《汉语主题词表》的 XML 化后转换成 SKOS 语言。可喜的是，SKOS 是基于 XML 语言提出的规范语言，由 XML 化的《汉语主题词表》转换成 SKOS 描述的《汉语主题词表》主要是标签的语义映射问题，操作上非常简单。

SKOS 的类标签对应 XML 表示方法中的 terms 标签，《汉语主题词表》中的每一个款目词都可以定义为一个概念，其 id 对应 skos：notion。SKOS 的概念框架属性则对应款目词的来源 source 标签，其中每一个概念都属于《汉语主题词表》框架。而其中的族项 TT 标签对应 skos：hasTopConcept，所有的 TT 项都属于《汉语主题词表》的最上位概念（族首词）。SKOS 的词汇标签属性对应 UF、USE 标签，正式叙词为优选词，非正式叙词为可选词。SKOS 的文档属性与 XML 表示方法中的 attributes 元素保持一致，可以相互转化。SKOS 的语义关系属性中的 skos：broader、skos：narrower、skos：related 分别对应《汉语主题词表》中的 BT、NT、RT 项；《汉语主题词表》中，由于纸质版的篇幅限制，只列出了款目词的直接上下位词，并没有将款目词的语义结构完整地列出，需根据已有的直接语义关系进行推导，来完善叙词表的 SKOS 描述。例如，在《汉语主题词表》中，"芳烃回收"这一术语与 SKOS 的对应关系如表 2.1 所示。

表 2.1 《汉语主题词表》与 SKOS 的对应关系举例

《汉语主题词表》属性	SKOS 描述	举例
款目词	skos：Concept	芳烃回收
范畴	skos：notation	63GA
拼音	skos：note	Fāng tīng huí shōu

续表

《汉语主题词表》属性	SKOS 描述	举例
英文	skos：note	Aromatics recovery
用项	skos：preflabel	
代项	skos：altlabel	芳烃抽提
属项	skos：broader	溶剂精制
分项	skos：narrower	
参项	skos：related	环丁砜抽提，二氧化硫抽提，甘醇抽提，溶剂萃取
族项	skos：hasTopConcept	精制处理
注释	skos：note	

对于多个来源中的同义词，可以采用 skos：hiddenLabel 隐标签进行描述；SKOS 还提供了映射标签，包括 skos：exactMatch、skos：clsoeMatch、skos：broadMatch、skos：narrowMatch 和 skos：relatedMatch 5 种映射关系，用于多来源知识组织工具的映射和互操作，为未来中文术语资源与国际规范对接提供必要条件，实现更大范围内的知识共享。

第三章　以用户为中心的知识组织：让计算机"善解人意"

本章导读

●用户通过术语进行的知识检索行为，本质上是人机交互和对话，应该遵循哪些原则？

●从可量化的角度看，术语的真实分布规律和统计学意义是什么？那些使用频次不高、看似无关宏旨的长尾术语，对知识组织工具建设有哪些启发？

●借助用户交互机制，可以为知识组织工具的更新提供哪些帮助？

●开放信息环境下，百科中的术语是如何通过用户协同实现的？对知识组织工具建设有哪些借鉴作用？

1　人机知识交互与合作：将"芯"比心，挖掘和预知用户意图

知识组织是实现知识有序化的重要方式。在网络信息环境下，用户往往以关键词形式输入自然语言，进而通过同义词表、叙词表、本体等知识组织工具加以引导，然后由计算机通过符号匹配和逻辑推理等方式获得相应的结果，进行适度的优化后，为用户提供最相关的反馈。从人机交互角度来看，信息检索、推理、结果排序等都是在特定语境下完成的交际行为，构成了一个完整的人机会话过程。显然，这个会话过程必定要遵守特定的会话合作原则，使得会话能够顺利进行。对人机会话过程中的合作原则与方法进行研究，有助于提高知识组织工具的有效性和友好性，为知识组织工具的构建和应用提供一个新的研究视角。

　　从语用学来看，无论是用户与用户之间交互，还是用户与计算机之间的交互，都是在特定语境下进行会话交流的互动过程，研究用户在知识检索、知识获取中的合作策略与原则，有助于充分挖掘和预知用户意图，提高知识组织工具的自适应能力，对弥合自然语言与知识组织工具之间的语义缝隙具有非常重要的意义。在这个意义上，计算机物理芯片也许能够理解人类内心的意图，"将芯比心"，以更加智能的方式为人服务。

1.1　知识组织会话合作原则：人同此心，心同此理

　　人际会话中的"合作原则"是由美国著名语言哲学家格赖斯（H. P. Grice）于 1967 年在哈佛大学的演讲中提出的。格赖斯认为，在人们的交际过程中，对话双方似乎在有意无意地遵循着某一原则，以求有效地配合，从而完成交际任务。因此，格赖斯提出了会话中的"合作原则"（Cooperative Principle，CP）[44]。该理论认为，人们在谈话中遵守的合作原则包括 4 个准则，每个准则又包括一些次准则，这些准则对知识组织工具的构建同样具有重要的指导作用。

　　（1）量的准则（The Maxim of Quantity）

　　①所说的话应该满足交际所需的信息量；②所说的话不应超出交际所需的信息量。

　　立足于人机交互，从用户角度来说，就是要求叙词表等知识组织工具所收录的词语和词间关系能承载足够的知识内容，信息量不能少也不能多，量少了会话会产生歧义或缺失，交际无法进行；量多了会模糊交际的目的，会话也难以正常地进行。从知识组织的角度来看，一些知识组织工具收词量还有较大的增容空间，如环境科学领域的"$PM_{2.5}$"、文化领域的"非物质文化（遗产）"等一些常用的新词没有被收录，容易导致知识的偏差；从文献保障的角度来看，一些高频的专业术语应该重点收录。

　　（2）质的准则（The Maxim of Quality）

　　①不要说自知是虚假的话；②不要说缺乏足够证据的话。

　　这一准则要求知识组织工具所使用的词语和词间关系必须是真实的、有理据的，任何虚假的、缺乏证据的知识均应被当成非法操作。由于编制理论和技术的限制，目前一些叙词表仍存在着语义关系不严谨或者语义分类模棱两可的情况。例如，叙词表中"数据"的属分关系较为宽泛，划分标准容易出现偏差，如"抽象数据"与"并行数据、串行数据、物性数据、动态数据"等数据类型不应以同位词概之，而应为上下位关系。因此，知识组织工具必须要以充分的专业性为依据，重点构建专业领域内较为规范、可靠的知识内容，暂时搁置在专业领域不够成熟的知识，以确保知识的准确性。

　　（3）关系准则（The Maxim of Relevance）

　　这一准则要求会话过程中所说的话要有关联。就知识组织工具来说，就是词语和词间关系要与用户的检索需求具有语义上的关联性。如果两者的关联性太弱，将导致用户无法找到所需要的知识内容。某些情况下，当术语规范性与用户的使用习惯存在差异时，应该努力提高知识的兼容能力，通过增加入口词、细化相关关系等，帮助用户找到最相关的知识点。用户协同技术为此提供了可行方案，详见本章第3节。

　　（4）方式准则（The Maxim of Manner）

　　①避免含混不清；②避免歧义；③要简短（避免冗长）；④要有序。

　　这一准则要求语言表达要清楚、明确、无歧义，语言形式上要简短、有序。例如，用户检索"打印数据流"，从语言形式上看虽然简短有序，却是一种有歧义的表达，可以有"打印已保存的数据流"和"打印机数据流"两种理解。这类情况可以通过括号注释、分类等方式进行消歧处理，引导用户明确需求。另外，叙词表中的术语也必须避免歧义，如"显示数据"这一术语词条就有结构上的歧义，可以通过括号注释加以消除。

　　对于上述4条准则的定位，格赖斯进一步指出：这些准则各自具有的重要性是不一样的，在遵守各条准则上，不同的说话人在不同的场合会有所侧重。同理，由于知识组织工具大多数是嵌入机器作为知识库来使用的，因此，4条准则的意义也不尽相同。量的准则、质的准则是从语义内容上加以控制，方式准则是从语用上加以控制，关系准则通过搜索结果的语义关联性强弱来确定映射的方式，它们共同构成了知识组织工具的基本要素。

总之，上述会话合作原则可以为知识组织工具的构建提供有益的启示，进而达成人机对话的交互。从上述 4 个准则出发，建立用户数据和叙词表等知识组织工具的动态交互，可以有效地优化知识组织工具，提高知识组织工具在网络环境下的自适应性。

1.2   知识组织会话过程：人机对话更智能

基于会话合作原则，可以从用户和知识组织工具两个方面构建知识组织会话模型，建立用户自然语言和叙词表规范语言之间的映射关系，进而促进两者相互融合、动态更新。从用户角度来说，机器可以设定相应的规则，通过语义控制和自动推荐，引导用户明确自身的表达意图，让用户在使用自然语言时尽量做到规范、明确，用户检索语言要符合"质""量""方式"三准则。从知识组织的角度来说，可以从用户用词入手，推进自身的扩充和优化，加强对用户日志的分析和监测，形成符合用户习惯的知识组织方式。例如，通过同义词计算，将用户检索词尽可能映射到知识组织工具作为入口词，在语言表达形式上，允许不同表达方式的使用，如术语中较为常见的字母词（包括大写形式和小写形式）及"ad‐hoc"中的"‐"等符号，均可从实用的角度出发予以收录，在保持知识组织工具规范性的前提下增强对用户需求的适应性。由此，可以建立知识组织会话模型，实现用户自然语言向叙词表的映射，如图 3.1 所示。

用户检索字符串经过简单的预处理（删除非法字符）后，进入会话准则的检验。其中，质、量、方式 3 个准则如同 3 个关口，质的准则包含真实性和理据性的验证，量的准则从"信息量不足"和"信息量溢出"两端来进行控制，方式准则从语言形式上分"有无歧义""是否简洁""是否错序" 3 个方面来加以管控。其先后顺序为：质的准则→量的准则→方式准则。最后，关系准则充当一个分类器，将检索结果按语义

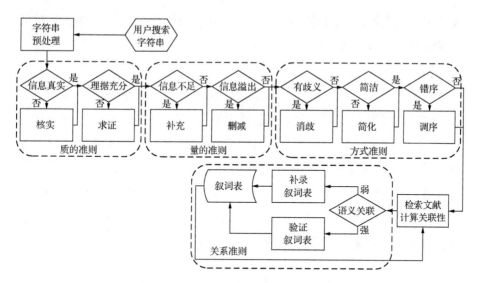

图 3.1　自然语言向叙词表受控语言的映射模型

关联性进行二分，以确定是补录还是验证叙词表。

　　用户日志体现了用户的知识需求，通过分析和提取日志中的词语信息，将其与现有叙词表加以比对，再将补录的术语词分门别类，并从语义和语用角度进行梳理，就可以得到优化的知识组织工具，实现自然语言与受控语言的互通。

1.2.1　用户日志：架起自然语言与受控语言的桥梁

　　从整体上来看，现有的叙词表中计算机自动化领域的术语词较为充实，词间关联也较为细致。但由于计算机技术发展迅速，如何对叙词表进行自动更新也面临着严峻的挑战。以计算机和自动化领域的用户检索日志为语料，分析用户所用词语的特点，并结合合作原则探讨用户日志向叙词表映射的方法，进而验证自然语言与受控语言映射的可行性。本实验以某文献库 2010 年全年的用户检索日志为语料，对检索次数大于 20、总计约 5 万条用户检索用语进行逐条分析，总结用户自然语言的使用规律，并基于会话原则映射到叙词表。

　　分析用户检索用语的结构，从语言形式上看，主要包括词、并列结构短语、修饰限制性短语和句子 4 种结构形式。其中，单纯的术语词形式不太多，大量存在的短语结构形式具有较为明显的结构规则，在向叙词表映射的过程中可以归纳为以下 6 种处理方式。

（1）组配

这是用户使用最频繁的一种手段，在用户检索日志中大量出现。如"在线考试系统的发展"删除表达通用概念的字串"的发展"就可得到"在线考试系统"这一术语。从另一个角度来说，"在线考试系统的发展"就是由"在线考试系统"和通用概念词"（的）发展"组配而成。表达通用概念的词常见的有"（的）分析、发展、研究、综述、实现、比较、现状、种类、概述、介绍、应用、特点、发展趋势、方法"等。通过组配的方式来处理可以减少词库的数量，并保证较高的效率。

（2）拆分

把并列结构中包含的两个或以上术语词析出，并拆分为相应数量的词语。例如，"蜂窝网定位与跟踪算法研究"这一短语，先将表达通用概念的语词"研究"删除，通过关联词"与"析出前后两个并列字串"蜂窝网定位"和"跟踪算法"，然后将两者分列词条。

（3）抽取

从嵌套式的短语结构中抽取术语词，如有两个或多个，则拆分为相应数量的词条。例如，从嵌套式结构"阵列信号处理中的信号参数估计研究"中抽取出"阵列信号处理"和"信号参数估计"分列词条。常见的嵌套结构有"基于……的……""面向……的……""……在……中的应用"，其语义中心往往有所侧重。

（4）同构

合并提取出的重复的术语词。通过上述 3 种方式得到的术语词如若重复，则应做合并处理。例如，"复杂网络的传播""复杂网络的分析""复杂网络的建模""复杂网络的应用""复杂网络分析方法"这 5 个短语结构的语义中心都表达同一概念"复杂网络"，应予以合并。

（5）加和

添加与之同"源"的术语词。例如，从短语"招生数据联机分析处理系统应用研究"中先行提取"联机分析处理系统"，再添加"联机分析处理""联机分析""OLAP（联机分析的英文缩略形式）"等词条，这对于较长的短语比较有效。

（6）勘误

用户日志中难以避免地会存在一些偏误，如日志中有"寻线机器人"的字串，经过查证，应为"巡线机器人"之误，"猿机器人"应为"猿猴机器人"之误。经过勘误，这些字串即可进入术语词条，以增强词表的兼容性。

本实验遴选出的术语均出自数据检索日志，且词频数量在 20 以上，充分考虑了用户检索的实际需求，因而具有现实可行性。但从理论架构上来说，通过上述方式清理所得的字串是否入选叙词表，其可行性还可以通过文献库和现有的叙词表来进行双向验证。具体的操作方式是：先通过文献库查询界定该词是否为专业术语，滤出非专业语词或有讹误的字符串，然后查询现有的叙词表，确定其是否被收录，如已被收录，则印证和检验了该术语的使用价值；如没被收录，则比照现有叙词表中出现的同类概念或同构概念判定其是否应予收录。例如，"查账系统"（检索频次为 54）一词在现有的叙词表中查询不到，但"报价系统、报表系统"等同构概念在表中确已存在，且均划归自动化技术之类，因此"查账系统"也应予以收录。同理，"并行设计"在叙词表中既已存在，与之同类的"串行设计（目前未被收录）"也理应收录。

有的同类术语还可以进行批量补缺。例如，"机器人"系列语词，经文献库及和现有词表的比照，尚有"避障机器人""辅助行走机器人""爬行机器人""四自由度机器人""猿猴机器人""教育机器人"等新的用法，可以推荐到词表中进行增补或映射。

1.2.2　映射规则：横看成岭侧成峰，远近高低各不同

与其他通用语词一样，专业术语也具有多维性的一面，需要从多个语义角度建立词间关联。传统叙词表的用、代、属、分、参语义关系需要进一步细化，语义关系类型可以扩展。

（1）建立多维的同义关系

例如，字母词"DSP"，在用户日志中均以小写的"dsp"形式存在，

因此首先应该设定大小写形式在搜索时的等价，并通过括号、范畴等方式加以明确，在用户检索时加以引导。简称、字母词等用户常用词语，应该建立多维的映射关联，特别注重词义控制，避免产生过多的歧义。通过放宽入口词的形式，允许字母词存在、设定大小写等价，以异形同义的标准建立同义词群。

（2）多层级上下位关系

现有的叙词表分类还略显粗疏。例如，作为属项概念的"文件"，其分项数目众多，不仅有表示文件类型的"元文件、类文件、二进制文件、远程文件、病毒文件、临时文件"等，还有对文件进行操作的"显示文件、启动文件、恢复文件、压缩文件、拷贝文件、打印文件"等。从理论上来建构的话，这两类分项应予以分开，再增加一个层级的属项概念，即"文件"下分为"文件类型"和"对文件的操作"，再细分各个分项节点。

（3）认知的相关关系

科学家建构抽象事物的类别时，常常会将具有相似性的一系列具体事物映射到抽象概念中来，所以一些科技术语具有较强的隐喻特征。例如，网络技术中的"电子邮件系统""收件箱""草稿箱"等术语均来源于对实际邮政系统的隐喻，属于同一个认知范畴。在映射时，应该对隐喻类的术语按照其学科属性进行划分，避免产生歧义。

1.3　小结

在网络环境下，知识组织工具呈现柔性化趋势。在保持知识的规范性基础上，应该从用户角度出发，形成具有一定兼容性和灵活性的知识表示机制。会话合作原则为这种融合提供了理论支持，从人机交互的角度推动用户自然语言与专业术语的有效衔接。在技术实现上，本节对用户日志进行了分析，构建了映射模型，并总结出了6条处理规则，借此优化叙词表等知识组织方式。如何从用户认知角度对用户输入的自然语言进行归类和映射，仍是一个值得探索的方向。

2　用户自主标注：术语中的"长尾"定律

用户自然标注是指用户在有意或无意中为各种资源进行的一定程度的自主"标注"。例如，网络用户对自己的资源或收藏的他人资源添加标签的活动，标签是用户自主选取的、代表用户意图的符号。同样，科技文献也具有很强的用户自然标注特点。作者或者专业编辑往往根据研究成果的内容归纳出关键知识点，给出能够代表该文本主要内容的标签或词语，如分类号、关键词、机构等信息，这类数据总体上是科学共同体约定俗成的知识库。通过对具有社会属性的用户标注关键词进行统计分析，有助于对用户术语使用情况进行客观、量化的研究，为术语库的构建提供更具有针对性的决策依据；分析用户的知识组织行为，形成符合用户使用习惯、具有更强通用性的术语知识库。因此，本节采用线性、二次项、幂函数和 Logistic 4 种统计模型，分别对作者关键词的分布特性进行模拟，为快速构建术语库提供依据。

2.1　回归分析算法：用户是如何使用术语的

回归分析是通过一组预测变量（自变量）来预测一个或多个响应变量（因变量）的统计方法，可用于评估预测变量对响应变量的效果。通过建立预测变量和响应变量之间的数学模型，并对模型的拟合效果进行检验，在符合判定条件的情况下把给定的解释变量的数值代入回归模型，从而计算出自变量未来的预测值，以此描述术语的分布规律。

设随机变量 X，对任意实数 x，称函数 $F(x) = P(X \ll x)$ 为 X 的概率分布函数，简称分布函数。对于随机变量 X 的分布函数 $F(x)$，若存在非负的函数 $f(x)$，使得对于任意实数 x，有

$$F(x) = \int^{X} f(t)\,\mathrm{d}t, \tag{3.1}$$

则称 $f(x) = F'(x)$ 为 X 的概率密度函数，简称概率密度或密度函数。

根据分布函数和密度函数的定义，显然关键词的词频概率 y 为关键

词词频 x 的密度函数 $f(x)$，累积概率 z 为 x 的分布函数 $f(x)$。常用的密度统计函数包括线性函数、二次项函数、指数函数、幂函数、对数函数、Logistic 函数等。根据自然标注术语关键词的词频分布规律，假设词频概率 y 与关键词词频 x 的常数幂存在简单的比例关系：

$$y = f(x) = F'(x) = \beta_0 x^{\beta_1}, \qquad (3.2)$$

y 呈幂指数单调递减函数，随 x 的增加快速衰减。满足上述计算公式的函数叫作幂函数，用幂函数拟合得到的数据分布呈现幂律分布趋势。其中，x，y 是大于 0 的随机变量，参数 $\beta_0 > 0$、$\beta_1 < 0$。由 $f(\lambda x) = \beta_0 (\lambda x)^{\beta_1} = \beta_0 \lambda^{\beta_1} x^{\beta_1} = \lambda^{\beta_1} f(x)$ 可知，当 x 增加 λ 倍时，概率下降 λ^{β_1}。例如，若某一个关键词以词频为 1 出现的概率为 0.5，则该关键词以词频为 5 出现的概率为 $\dfrac{0.5}{5^{\beta_1}}$。由 $x^{-\beta_1} f(x) = \beta_0$ 可知，关键词出现次数的常数幂与其概率的乘积为常数，此常数表示关键词词频为 1 的概率。例如，某关键词出现的次数为 x，该关键词以词频为 x 出现的概率为 0.5，则有 $x^{-\beta_1} 0.5 = \beta_0$，其中，$\beta_0$ 和 β_1 是幂函数的两个参数。

对上式两边取对数，可知 $\ln y$ 与 $\ln x$ 满足线性关系，即幂律分布表现为一条斜率为幂指数的负数的直线，这一线性关系是判断给定的实例中随机变量是否满足幂律的依据。此分布共性是绝大多数事件规模小、少数事件的规模相当大。采用幂函数对自然标注术语的词频分布进行回归分析，一方面，可以给术语知识库的构建提供统计学依据，从总体上把握科技术语的基本面貌，提高术语知识库建设的可靠性；另一方面，对于术语分布规律提供了一种定量描述方法，为术语知识的组织、管理和应用提供量化依据，提高术语知识库建设效率。

2.2 拟合检验指数：验证术语分布的规律性

拟合是指已知某函数的若干离散函数值，通过调整该函数中若干待定系数，使得该函数与已知点集的差别最小。在本小节中，已知的函数值是自然标注术语的词频，并根据相关函数（包括幂函数、线性函数、二次项和 Logistic 函数）进行拟合，以便得到最佳统计模型。同时，为了验证函数的拟合效果，本小节对建立的数学模型分别进行了 R^2 检验、F 值检验和 sig 值检验。

① R^2 检验是回归平方和与总离差平方和的比值，也称为样本可决定系数，是最常用的回归直线拟合度量方法。表示总离差平方和中可以由回归平方和解释的比例，比例越大，模型越精确，回归效果越显著，就越能更好地揭示术语分布的规律。其中，回归平方和是样本回归直线所确定的估计值与平均值的差值平方和，其公式表示为 $\sum \hat{y}_i^2 = \sum (\hat{Y}_i - \bar{Y})^2$；总离差平方和指观测值的离差平方和，公式表示为 $\sum y_i^2 = \sum (y_i - \bar{Y})^2$。即

$$R^2 = \frac{\sum \hat{y}_i^2}{\sum y_i^2} = \frac{\sum (\hat{\beta}_1 x_i)^2}{\sum y_i^2} = \hat{\beta}_1^2 \frac{\sum (x_i)^2}{\sum y_i^2}, \qquad (3.3)$$

R^2 介于 $0 \sim 1$，越接近 1 说明拟合效果越好，一般认为超过 0.8 的模型拟合度比较高。

② F 值是对回归方程的显著性检验，表示的是模型中被解释变量与所有解释变量之间的线性关系在总体上是否显著做出判断。一般情况下，F 值越大，则认为列入模型的各个解释变量联合起来对被解释变量的影响越显著，反之则影响越小。

③ sig 值代表 t 检验的显著性。其中，t 值越大，sig 值就越小。t 的数值表示的是对回归参数的显著性检验值，t 值越大，sig 值越小，则认为在其他解释变量不变的情况下，解释变量 x 对被解释变量 Y 的影响越显著；反之，则表明解释变量 x 对被解释变量 Y 的影响越微弱。

本小节对线性、二次项、幂函数和 Logistic 4 个回归模型分别进行上述3种拟合指数检验，以评估各个模型自然标注术语词频分布的有效性。最后，选取最佳统计模型，进而揭示术语的分布规律。

选择"万方数据库"中 2000—2017 年的核心期刊中的科技论文，以"肿瘤"领域（R73）为例，提取所有的用户标注关键词及其对应的词频。将关键词按照词频降序排列，为了客观统计术语的分布规律，本小节在前期处理中不加人工干预，将提取的用户自然标注关键词全部保留进行回归分析。

从核心期刊提取到的自然标注术语进行预处理，先运用 SPSS 软件画出术语词频的分布散点图进行预估计，进而采用线性函数、二次项函数、幂函数和 Logistic 函数分别进行回归拟合，并对拟合结果进行检验，最后选出最佳拟合模型，其具体流程如图 3.2 所示。

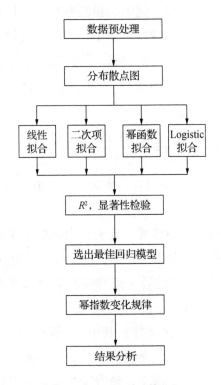

图 3.2　术语分布计算流程

其中，4 个拟合函数的统计学意义如下。

a. 线性函数，假设自然标注关键词词频具有线性增长或减小的趋势，其函数表示为：

$$y = \beta_0 + \beta_1 x, \tag{3.4}$$

则自然标注术语词频的增长速率为 β_1。

b. 二次项函数，假设关键词词频之间不仅仅是线性增长关系，而是呈现平方增长趋势，其基本函数表达式为：

$$y = \beta_0 + \beta_1 x + \beta_2 x^2, \tag{3.5}$$

根据二次项函数的结构可知，词频分布呈现先增后减（或先减后增）趋势。

c. 幂函数，假设自然标注术语的突减速度较快。函数值的大小差别较大，其函数表达式为：

$$y = \beta_0 x^{\beta_1}, \qquad\qquad (3.6)$$

y 随 x 的增加快速衰减。服从幂函数统计规律的词频呈现幂律分布特征。

d. Logistic 函数，假设自然标注关键词呈现先增长后趋于平稳，其函数表达式为：

$$y = \frac{1}{1 + \beta_0 \beta_1{}^x}。 \qquad\qquad (3.7)$$

为了得到自然标注术语的最佳统计模型，分别用上述 4 种函数模型进行拟合，并对拟合结果进行检验。此外，显著性检验采用 R^2 检验、F 值检验和 sig 值检验。

2.3　术语分布规律分析：长尾也有大用处

2.3.1　关键词词频分布规律统计

本小节选取核心期刊中关于肿瘤（R73）学科的所有用户自然标注关键词和分类号，得到分类号与关键词对齐数据 154 467 条，并将各分类号对应的术语按照出现关键词频率进行降序排列，由于 SPSS 在分析过程中无法处理字符串类型，所以用数字 1 ~ 154 467 对关键词进行编号。用散点图对术语的词频分布进行初步估计，具体情况见图 3.3。

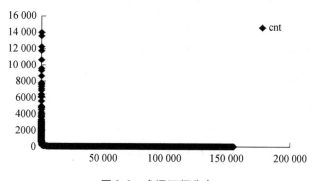

图 3.3　术语词频分布

　　根据图形分布结果，可知自然标注术语词频分布呈现明显的幂律分布特征，运用最小二乘法和非线性迭代计算方法，在 SPSS19 软件工具中先后采用 4 种模型对关键词词频数据进行曲线拟合实验和比较，从中选择拟合优度良好并符合实际的分布为最终模型。根据模型拟合的决定系数 R^2 来说明模型与样本的拟合程度，拟合结果如图 3.4 所示。

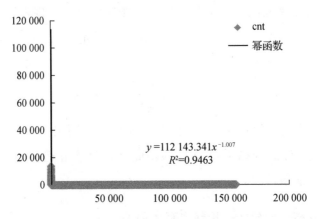

图 3.4　自然标准术语词频幂函数曲线拟合

　　图 3.4 表明，低频关键词具有规模大、概率低等特点，并且随着关键词词频的增加，高词频的数量逐步减少。

　　根据表 3.1 结果可知，在对 154 468 条数据拟合结果中，线性拟合和二次项拟合的拟合指数均小于 0.1，Logistic 函数的拟合指数小于 0.8，所以拟合效果比较差，而幂函数的拟合指数 $R^2 = 0.946 > 0.8$，方差分析的 F 值为 2 722 731.564，显著性水平 sig = 0.00，因此，在上述模型中选择幂函数模型作为最终模型，理由是：①显著性效果明显，使模型最大限度地解释样本数据的变异，这说明幂函数可以体现术语数据的变化趋势；②拟合效果好，即 R^2 值较高。比较表格中的参数数据，选择幂函数作为关键词词频的分布模型，拟合参数 $\beta_0 = 112\ 143.341$，$\beta_1 = -1.007$，故关键词词频的密度函数为：

$$y = f(x) = 112\ 143.341x^{-1.007}。 \tag{3.8}$$

表 3.1　4 种统计模型的拟合检验和参数评估

方程式	模型摘要					参数评估		
	R^2	F	df1	df2	显著性	β_0	β_1	β_2
线性	0.010	1619.794	1	154 465	0.000	30.673	0.000	
二次项	0.025	1982.066	1	154 465	0.000	64.368	−0.002	8.473E−9
幂函数	0.946	2 722 731.564	1	154 465	0.000	112 143.341	−1.007	
Logistic	0.570	204 852.974	1	154 465	0.000	0.142	1.000	

从密度函数 $y = f(x) = \beta_0 x^{\beta_1}$ 可知，当关键词出现次数为 1（即 $x = 1$）时，概率 $f(1) = \beta_0$，密度函数为常系数。当 x→∞ 时，$\lim_{x \to \infty} f(x) \to 0$，也就是说，关键词出现次数很大的概率趋近于 0。

关键词词频介于 m 和 n 的概率为：$P(m \ll x \ll n) \int_m^n f(t)\,\mathrm{d}t = \dfrac{\beta_0}{\beta_1 + 1}(n^{\beta_1 + 1} - m^{\beta_1 + 1})$。例如，$m = 3$，$n = 6$，则关键词"预后"出现次数介于 3 和 6 之间的概率为 $\dfrac{112\ 143}{-0.007}(6^{-0.007} - 3^{-0.007})$。

关键词词频分布整体呈负幂律分布，2000—2017 年整体幂指数为 −1.007，说明关键词集中分布在少量广受关注的热门知识点，它们不仅贡献了领域内的大量知识关联，而且具有"累积优势"，少部分的关键词占据研究热点的核心区，具有集中优势学科和相对成熟的理论基础，容易汇聚本学科基本知识。

2.3.2　术语词频的幂指数变化规律

关键词作为反映文献研究核心内容的符号，可以反映科研工作发展经历从无到有、从少到多的历史过程。同时，在共时层面上总存在一些热门的研究领域，引起学者广泛关注并产出大量文献，这就会导致与该领域相关的术语以高频关键词的形式存在。因此，科技术语出现频次不均，呈现明显的幂律分布特征，结合前面 2.3.1 的拟合过程，以下从年份时间序列角度，分别对 2000—2017 年 18 年中每一年的术语关键词词频进行统计，并用幂函数进行回归拟合，拟合结果如表 3.2 所示。

表 3.2　2000—2017 年肿瘤术语幂指数统计

年份	R^2	F	显著性	模型参数 β_0	模型参数 β_1
2000	0.9287	13 836.497	0.000	782.15	− 0.766
2001	0.9334	29 746.02	0.000	1595.3	− 0.805
2002	0.9365	36 091.391	0.000	1904.9	− 0.819
2003	0.9381	46 327.660	0.000	2286.5	− 0.828
2004	0.9372	45 027.157	0.000	2220.4	− 0.828
2005	0.937	47 468.267	0.000	2947.7	− 0.843
2006	0.9388	54 013.550	0.000	3627.6	− 0.854
2007	0.9391	50 211.551	0.000	3988.4	− 0.859
2008	0.9368	50 053.846	0.000	4097.3	− 0.857
2009	0.9374	50 105.352	0.000	4300	− 0.861
2010	0.9358	47 777.201	0.000	3930	− 0.847
2011	0.9321	47 418.597	0.000	3427.7	− 0.834
2012	0.9313	50 811.378	0.000	2857.7	− 0.824
2013	0.929	51 016.258	0.000	1889.7	− 0.8
2014	0.9279	50 536.900	0.000	1874.6	− 0.794
2015	0.925	45 570.484	0.000	1772.4	− 0.786
2016	0.9207	49 399.511	0.000	1689.3	− 0.778
2017	0.8855	4916.818	0.000	163.81	− 0.626

　　表 3.2 的结果表明，用幂律曲线拟合关键词词频规模分布式，2000—2016 年模型的拟合优度均在 90% 以上，2017 年的拟合优度相比低一些（这与 2017 年文献统计不完全有关），但也在 88% 以上，高于统计学上设定的 0.8 的拟合指数，这说明"肿瘤"学科术语的整体分布趋势符合幂律分布。

　　图 3.5 表示词频分布幂指数的变化规律。术语词频分布的幂指数呈现先增大后减小的趋势，可以看出术语词频分布的幂指数整体呈现稳定趋势。

　　①初期上升，这是因为随着人们对肿瘤学的研究逐渐深入，各方面

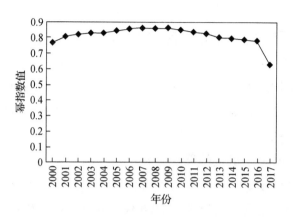

图 3.5　2000—2017 年肿瘤术语幂指数变化趋势

理论相对成熟，所以关键词词频趋于稳定，这表明学科趋于成熟，选择这些关键词，可以涵盖该学科的大部分基本知识内容。

②随后幂指数逐渐减小，幂律分布的长尾也在不断增长，这说明本领域不断探索新知识、新内容和新领域增加，出现了一些新的术语，这些新生的关键词代表了新的研究方向和人们关注点的转移，对预测未来研究领域的趋势有一定的帮助。

2.4　小结

本节通过对 4 个回归函数的计算和拟合，"肿瘤"学科专业术语总体符合幂律分布规律，即"长尾"定律。由此，在术语知识库建设中，可以将符合幂律分布的高频词作为基础词，满足对学科基础知识组织的需要；"长尾"中的词语则可以进行分类处理，如异形词、新词等，这些词语可以通过向核心词挂靠等方式纳入知识组织工具。这为知识组织工具开展术语选择和分析提供了可量化的统计学依据，实现一定程度的定量决策，并为基于术语开展科技热点监测、科技战略布局、科技前沿预测等应用提供了有益的参考。

3 用户交互式术语更新机制：保持知识的"活性"

更新和维护是术语知识库发展的重大挑战，也是叙词表等知识组织工作的重要内容。为了使术语知识库建设进一步完善，迫切需要重点研究以下两个问题。

①如何及时将新出现的反映新理论、学科、事物、技术、方法的术语和概念增补到术语库中，以适应科技发展的要求。科技术语是一个动态变化的系统，新词不断出现，旧词不断引申，只有紧密跟踪词汇变化的现实状况并及时对词库进行推陈出新，才能使词库得到可持续的发展和应用。

②如何准确并及时吸收用户的意见，进一步提高术语知识库的适用性和易用性。在术语库建设过程中，除了依靠领域专家，还要紧密联系科技术语的使用者（用户中也有大量的专家），根据用户习惯对知识库进行调整和优化，满足用户多样化、个性化的使用需求，以提高知识组织工具的科学性。

Web 2.0 网络环境下，用户具有了更大的自主权，网络成为开放、自由、多样化的虚拟信息空间，出现了以大众分类法 Folksonomy 和维基百科为代表的新型知识组织机制，引起国内外学术界的广泛关注[45]。国外学者较为细致地研究了借助大众分类法构建叙词表的方法，尝试将标签向现有知识组织工具 LCSH 映射、构建分类法 – 标签一体化知识组织工具等。国内学者刘高勇等分析了维基百科和大众分类法在专业信息服务中的应用机制，提出专业信息服务组织及其实现模型[46]；贾君枝等分析了大众分类法的结构模式，并基于标签进行用户偏好研究[47]；毛军研究了网络环境下自由分类法的应用模式[48]；魏来等研究自由文本分类技术，可以提高标引的准确性，提高文献标签的相关度[49-50]。这些成果对研究术语知识库构建模式和更新机制奠定了良好的基础。

在网络环境下，借鉴大众分类法 Folksonomy 和维基（Wiki）的信息组织经验，让用户参与到知识组织过程中来，研究基于用户交互的知识库更新与维护的新机制和新方法[51]，是解决上述问题的可行方案。

3.1　用户交互机制：用户是知识消费者，也是知识生产者

3.1.1　大众分类法（Folksonomy）

大众分类法（Folksonomy）是 Web 2.0 网络环境下知识组织的一种新方法，Folksonomy 一词由"Folk"（大众的）和"Taxonomy"（分类学）组合而来，意思是"面向大众的分类学"。其主要特点是：由网络用户给定标签，用于标引和检索网络信息；对词语标签进行整理后，形成平面的线性分类主题信息。例如，Delicious（"美味"书签）采用了标签导航技术，信息的有序性得到很大提高。

大众分类法赋予用户充分的自主权。用户可以自定义标签对信息进行标引和检索，标签以线性顺序排列，使用频率高的标签词语在前面，不准确的标签将被淘汰，几乎不用学习就可以掌握。用户提供或采用某个标签，相当于给该标签进行投票，使用次数越多，说明该词语被认可的程度越高。用户可以通过标签对所需信息进行聚类，具有高度的信息自组织特征。

与传统的知识组织工具相比，大众分类法的优点是：自下而上，强调以用户为中心，根据用户的需要选择标签，用户自主性强，成本低；词汇来源广泛、入口率高，能够标注几乎所有信息。不足之处是：标注随意性大，无法根据词间关系进行精确标注；标签容易产生歧义，规范性不强。因此，如何扬长避短，将用户纳入知识组织过程中来，是本小节要研究的问题。

3.1.2　维基（Wiki）百科用户参与思想

维基百科是一个内容自由、用户广泛参与的多语言百科全书，其最大特点是开放性，任何人都可以申请账户，为词语的编纂提供建议。用户可以自由提供现有知识的条目文章，任何年龄、来自何种文化或社会背景的人都可以撰写维基百科条目，添加信息、参考资料来源或注释，管理员根据审核机制，删除不符标准或引发争议的信息。维基百科将用户变成知识的生产者，其知识组织过程简洁、实用，修复编辑错误也非

常容易。

维基百科的优势在于：可以在短期内借助用户的力量建设一个内容丰富的知识库，更新速度快；用户具有较大的权限，使得知识来源更为广泛，维护和更新比较及时，减轻了知识库建设的劳动强度。其不足之处在于：知识庞杂且更新频繁，难以从中发现权威的定论，可能会产生一些误导，只能作为参考知识。

综合而言，大众分类法和维基百科的出现标志着知识组织已经由过去单向的、面向专业群体的技术平台转变为互动的社会化空间。它不仅使用户实现了由单向的、被动的知识消费转变为知识生产、知识传播和知识消费全程主动参与，而且也使知识的更新和维护得到充分的保障，知识更为全面、更新更为迅速、传播更为广泛，这对术语知识库和知识组织工具的更新和维护工作具有良好的借鉴作用。

3.2   用户知识交互与协同：让用户更有获得感

3.2.1   用户交互模型

第 2.2 小节中已经述及，术语知识库中收录了叙词表等多种知识组织工具，术语及语义的体系结构稳定、用词规范、词间关系丰富是其主要优势。在术语知识库更新过程中，可以将术语库的规范性和用户的自主性相互结合，实现优势互补。结构模型如图 3.6 所示。

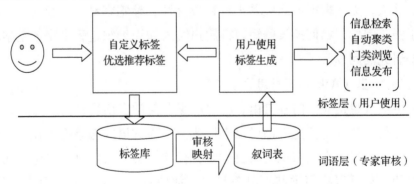

图 3.6   用户标签与术语知识库交互模型

总体分为用户层和词语层两个部分。

（1）用户层

用户优先选择叙词表推荐的词语作为标签进行标引，必要时可以自定义标签，对特定信息资源进行多维度标引。所有词语都进入标签库，由专家进行审核，然后映射或补充到现有的叙词表，为用户推荐更规范的标签。术语知识库主要在后台运行，为用户生成标签提供宏观指导；标签的规范性也有了保障，用户可以尽可能使用术语知识库中的推荐词汇作为标签进行标引和检索，这对于实现信息检索、知识导航、知识挖掘、语义规范等具有重要价值。

（2）词语层

首先，由用户提交标签词语，经过同义归并、分类映射、词间关系构建等扩大术语知识库的来源词语，并采用"词频统计 + 专家审核"的方法，将标签词语映射到术语知识库，提高术语知识库中词语的典型性和覆盖面；其次，借鉴 Wiki 百科的编辑模式，允许用户对术语知识库中的词语提出编辑意见并不断丰富例证，经领域专家审核后，形成较为全面的术语知识库；最后，超级管理员将术语知识库中的词语封装为API 接口推荐给应用系统作为后台知识库，推荐给用户从中优先选作标签，以实现知识的规范化组织和多维度揭示。

3.2.2 用户参与机制

专家和用户是术语知识库建设的主体，各自发挥着不可替代的作用。

专家知识是术语知识库的主导者，对于词汇的选择、词间关系的建立、词语映射、用户管理起到组织作用。为了吸引用户参与到术语知识库编制工作中来，还需要提高用户标注的积极性，通过设置真实文献、由用户按照真实使用场景对信息进行标引，提高标签的代表性。同时，要加强对条目的审核，如果一个词语属于多个分类，则根据使用频率，优先排列最常用的分类。用户需求和偏好具有多样化倾向，所提供的信息也各有合理之处，最终提交给专家进行判断和取舍，尽可能兼顾词表的规范性和易用性。

用户是术语知识库更新的合作者。通过标引，用户标签提供了对信息的不同角度的理解，如简称、俗称、外来语等非正式主题词及大量的新术语，这为术语知识库提供了真实可靠的词汇素材。用户只要具有相应的账号和权限，就可以对自己所定义的标签进行管理，并对术语知识库提供修改意见。然后，由管理员对所有条目进行统一管理和审核。

3.2.3　规范术语与用户标签的融合

用户自定义标签灵活、多变，但是容易产生歧义。为了提高标签的规范性，必须将这些词语及词间关系纳入术语知识库中来，为用户提供标引和检索入口，具体流程如下。

①根据词形规范、词义规范，抓取大众分类法中的高频词语并进行筛选，包括新词语推荐、词义消歧、同义归并、词频统计等，收入基础词库，作为候选词语。

②根据映射规则，将大众分类法中的标签词语向术语知识库映射，将词语准确对应到术语知识库的节点中去。

③术语知识库中术语的词间关系，如同义关系、上下位关系、相关关系，在保证科学性的前提下，可根据用户的需求进行调整，使之尽可能贴近用户的使用习惯。

④调用叙词表，将叙词表封装为一个可供调用的数据接口，以叙词表中的词语作为候选词语，供用户从中优先选择作为标签，为进行信息检索、分类导航提供便利。

⑤研究词语的反馈机制，当叙词表中的词语不能涵盖用户需求时，进入①开始循环。

根据交互式术语知识库更新模型，使用C#语言开发了演示平台，采用计算机类叙词表和相关文献。系统主要功能模块包括用户管理、标签管理和检索聚合，如图3.7所示。

注册用户可以通过检索或浏览左侧的导航树获取优选主题词，也可以根据文献内容自定义标签。标签将作为叙词表修订的重要来源和依据。页面使用Ajax异步刷新技术生成导航树，提高网页加载效率，如图3.8所示。

在叙词表的引导下，用户可以通过标签对信息进行聚类和检索，还

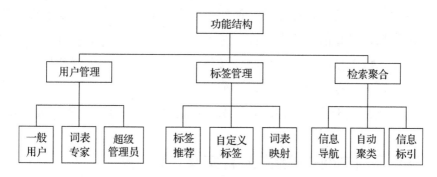

图 3.7　交互式叙词表更新功能模块

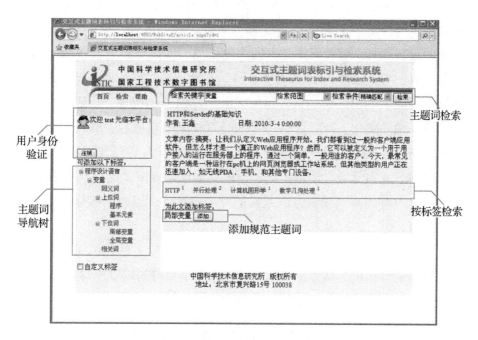

图 3.8　主题标引与聚类检索示意界面

可以对热点词语进行检测。管理员在后台统一管理所有标签，可以将高频词语导出到编表平台，供专家选词并建立词间关系。

3.3　小结

叙词表需要持续更新。在现有的叙词表整体框架下，借助网络用户的力量对词表进行丰富和完善，使用户和专家相互协作，有助于提高叙词表的质量，提高信息的有序性。基于大众分类法和维基百科中的用户交互思想，探索叙词表更新机制，既可以发挥传统叙词表规范性好、语义关系丰富的优点，同时又可以充分吸收用户的意见，尽可能符合用户的使用习惯，对于促进叙词表等知识组织工具的可持续发展有重要作用。

4 网络百科中的知识组织：汇集众人的智慧

百科全书是人类科学知识的集成总括，涵盖了各个学科的术语，并对这些术语所蕴含的知识给出了详尽解释，成为人们日常学习、工作、生活的重要工具。随着网络技术的快速发展，网络百科全书（以下简称网络百科）应运而生[52]，如百度百科、互动百科、维基百科等，在一定程度上打破了"书"的约束，更加突出"知识"的特性，以适应当前网络信息环境的变化。网络百科将传统的百科全书与搜索引擎、辞书编撰技术、语料库技术、用户交互等相互结合，具有内容开放、简单易用、更新快捷、成本低廉、使用广泛、用户互动性好等诸多优点[53]，特别是在 Web 2.0 环境下其知识组织方式呈现诸多优点，成为当前百科全书的新兴潮流。

本节从知识组织角度对网络百科中的术语进行有序化组织，构建面向网络百科知识的层次型参考模型，探索网络百科知识服务的相关机制，探究术语知识库在网络环境下的发展模式。

4.1 网络百科的知识组织特征：合理规范，顺其自然

网络百科是以词汇为基本单元，对知识对象进行多维度描述的知识集合，通过知识的链接、融合等方式，使得知识更加有序，从而有利于知识的检索、传播和利用。分类法和主题法仍然是当前网络百科普遍采用的知识组织手段，但是，分类结构和主题不再严格追求知识体系的完备性和规范性，而是主动适应网络环境的变化和用户的需求，呈现"柔性化""去中心化"的特征。

4.1.1 网络百科知识分类特征

分类是人们认识客观世界的基本手段之一。图书情报领域的分类法主要以体系分类法为主，力求精确反映学科体系的完备性，往往采用树状层次结构揭示类目之间的等级关系。同时，为了满足检索专指性的基本要求，需要对类名、类号进行概念界定和注释，尽量避免歧义。体系分类法在网络百科中得到了充分体现，便于将知识进行统一的归类，为用户检索、浏览提供便利，如表3.3所示。

表 3.3　网络百科知识分类比较

分类方法	百度百科	互动百科	维基百科
分类结构	12 个大类：人物、技术、艺术、地理、体育、科学、文化、历史、生活、社会、自然、经济	11 个大类：自然、文化、人物、历史、生活、社会、艺术、经济、科学、体育、技术	8 个大类：生活、艺术与文化，中华文化，社会，宗教及信仰，世界各地，人文与社会科学，自然与自然科学，工程、技术与应用数学
分类层级	三级分类	两级分类	三级分类
分类方法	每个词语至少属于一个类，可以跨类多属	按属性分类；用户开放类别	自主设立子分类

网络百科的分类放宽了体系分类法"各入其类"的约束，呈现"柔性化"特征。

（1）灵活性

类目的设置简单灵活，能够满足动态变化的信息需求。这些类目的设置既可以是网站主办方的自主设定，也适当吸收了用户分类的思想，形成互动关系。其中，一级类目保持了很好的稳定性，能够较为客观地反映当前知识的总体架构。这种分类方法不强调学科体系的完整性，而更多的是从用户需求的角度出发，能够较好地满足大众用户的需求。

（2）浅层结构

现有的知识分类层级多数不超过3级，大大降低了用户浏览信息的复杂程度，有利于用户记忆和使用。

（3）多维链接

每个词条平均都具有 3 个或更多个分类，扩大了词语的类别特征。借助于链接技术扩大知识的跨类性，一个词语属于多个类别，有助于提高信息检索的查全率，为用户推荐更多的访问入口。

现有网络百科的分类也有一些不足之处，如分类标准不统一导致知识的冲突，分类较为随意；用户自主定义的类名规范性较弱，类名歧义现象严重。不过，总体而言，现有的分类体系提供了一个基本可循的知识组织框架，为知识之间的链接、融合和使用提供了相对稳定的坐标系。

4.1.2 网络百科知识主题特征

主题法是知识组织的常用手段，用于对主题词和词间关系进行统一管理，服务于知识的检索和管理。传统主题法对词语的选择有严格的限定，如强调以术语反映的概念为中心进行词形词义规范化处理，而对于人名、地名、机构名、型号名等大量的动态词作为复分表单独编制，收词相对较少；词间关系主要包括用代、属分、参照 3 种类型，以静态方式对词间关系进行描述，形成轻量级的语义工具供其他系统调用。

网络百科的主题呈现"去中心化"倾向，即它不以概念规范化为主要任务，而是主要从用户使用的角度出发，重点对词语所反映的主题进行灵活划分，进而链接到词语所反映的知识内容；语义关联的发散性较强，词语之间的链接呈现网状结构特征，知识关联紧密，如表 3.4 所示。

表 3.4　网络百科主题描述的比较

主题组织	百度百科	互动百科	维基百科
热词	精彩词条、热点关注	IN 词	特色条目、新闻动态
历史	历史上的今天	时光机	历史上的今天
人物	每日人物	锐人物	人物传记
新闻背景	与词条相关的参考新闻资料	每天更新世界各地的新闻知识	世界热点、华人中发生的大事和热点台热点
热点词条	精彩词条、热点关注	今日推荐	特色条目、优良条目
公益	百度公益	WE 公益频道	无

网络百科对词条和词间关系进行了实用化处理，形成了"去中心化"的网络百科主题描述方式。

首先，网络百科收词范围突破了主题法因"规范化"而导致的词量限制，尽力扩大词条数量，满足人们对知识的多样化需求。例如，互动百科中存在"问题油脂""杨华生""职业枯竭"等一系列用户感兴趣的词条。

其次，普遍采用建立"相关词条"的方式扩展词间关系，推荐出与当前词条相关的若干个词条，便于用户进行相关性检索和导航。例如，百度百科中"基本粒子"的相关词条有"质子""中子""原子"等，相关关系的划分标准较为宽泛。

最后，网络百科还突破了主题与分类的某些界限，根据用户关注的焦点问题进行组织，设置了一些特定的主题栏目，及时将新词条加入进来，具有了主题分类一体化的某些特征。例如，互动百科中设置了"IN词""科技新知"等栏目，这些词语时效性很强，主题归类也较为宽泛。

主题具有动态性，通常按照重要程度、点击频率、时间先后等进行排列，以提高词条的展现率。不过，网络百科的收词范围仍然局限在科普与日常生活，而对专业术语收录不足；知识组织程度仍然偏低，对词间关系的揭示还主要以相关关系为主，对同义关系、属性信息的描述有所欠缺，需要进一步提高词间关联的逻辑性。

4.2 网络环境下的术语知识组织层次模型：冲破藩篱，尽情迸发

网络百科具有知识密集、使用广泛、用户多样等特点，允许用户随时随地、快速准确地获取这些知识资源。根据环境的变化研究具有较强通用性的知识组织参考模型，有助于提高网络百科知识的逻辑一致性和语义关联性。

4.2.1 网络百科的知识组织原则

网络百科是基于网络环境下涵盖各领域信息的知识库，具有明确的现实需求和特色，具体来说，网络百科在以下3个方面具有共性。

（1）用户中心

无论采用主题法还是分类法，网络百科都尽力从用户的视角出发，这一知识组织的根本原则得到了充分体现。网络百科面向的用户群体复杂、数量庞大、需求千差万别，知识组织工具必须综合考虑用户的使用习惯、认知能力、动机等各种因素，进而将信息进行纯净处理，上升为用户所需的客观知识。Web 2.0为全面发挥用户的作用提供了技术支撑，在知识生产、传播、共享到管理的链条中，用户的作用得到了充分的发挥。

（2）动态平衡

网络百科以分类法为坐标、以主题词为锚点的知识组织方式，形成了概念空间和知识内容的有效互动；知识生产从科学家群体扩大到普通大众，各类动态知识不断更新、升华，形成富知识集。网络百科知识繁杂，因此知识组织工具必须在动态与稳定、灵活与规范之间达成某种平衡，在保持整体框架稳定的同时，主动适应用户主体和知识客体的变化。

（3）开放性

网络百科以知识链接为依托，提供了知识之间的流动性和关联性接口，将各种介质和不同颗粒度的知识点有机融为一体，打破了信息孤岛，知识之间具有更强的关联性；基于泛在信息环境，网络百科知识的创造与获取空前便利，用户群体具有开放性；借助API嵌入式技术，知识的共享与传播更加顺畅，可以形成适应不同应用平台、服务协议的开放应用程序接口。在网络信息环境下，既可以将词条与新闻事件进行关联，为词条提供即时的背景信息，也可以采用超链接技术，在当前词条解释的内部进行标引和关联，形成网状的知识拓扑结构，便于用户在知识点之间的链接和跳转，提高知识的关联性。

4.2.2　基于网络百科的知识组织模型

基于知识组织和知识链接的基本原则，本小节提出了面向网络百科的知识组织模型，从下到上依次包括数据资源层、知识组织层和服务应用层3个层次，如图3.9所示。

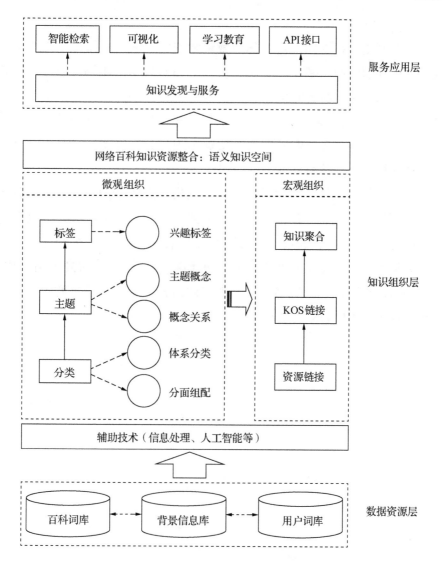

图 3.9　基于网络百科的知识组织模型

（1）数据资源层

实现网络百科资源的有效整合和共享，需要建立格式统一、颗粒度不同的知识库。将网络百科的资源库分为：词语资源库、背景知识库和用户自定义库。这些资源允许动态更新，在共同的知识组织框架下相互有机关联，构成了网络百科的基本资源。

（2）知识组织层

面向网络百科的知识组织分为微观知识组织和宏观知识组织两个维度，微观知识组织是基于分类法、主题法和元数据标注等，通过逐级映射形成网状关系网络，对词条和词语内容进行局部的深度知识组织；宏观组织是基于知识链接、知识组织工具集成、数据资源链接等，对异构知识资源、知识单元之间的整合。微观知识组织和宏观知识组织相互交织，共同构成泛在信息环境下的知识网络。

①微观知识组织。面对网络百科大规模、高密度的知识资源，分类法、主题法与元数据等各种知识组织方式可以发挥各自特长，有机融合并持续优化，完成对细粒度知识的微观组织，以分类法为多维坐标、以主题为空间点，形成立体概念空间，进而将用户标签映射到该网络中，形成网状的微观知识组织结构，实现自然语言、受控语言与概念空间的投射，如图 3.10 所示。

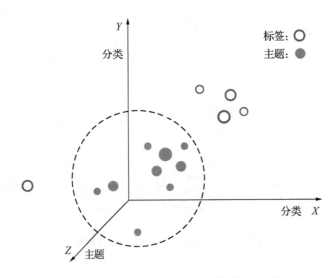

图 3.10　基于映射的网络百科微观知识组织

分类是对知识内容的宏观架构进行揭示的过程，可以从不同角度全面、系统地展示事物（信息）内在的层次关系和逻辑联系。网络百科分类法按照用户的认知习惯设立类目、层层展开，体系完整性好；组配分类可以按照一定规则，通过各个分面内类目的组合来揭示知识之间的关联，具有很大的灵活性。大众分类法（Folksonomy）是近年来伴随网络信息环境产生的、允许用户自主定义的松耦合分类机制，具有平面化、自由性和多维度等优势。多种分类体系反映了人们对客观世界认知的多元性，通过映射可以实现不同分类法的互操作，形成多维度的分类体系，为主题和用户标签提供了立体的坐标系。

主题法是通过词语和词间关系对网络百科的知识内容建立参照系统，适用于对知识内容的特性检索。在多维的分类体系下，网络百科词条可以按照用代、属分、参照为框架结构建立网状语义结构，按照主题进行细粒度的有序化组织；将用户检索关键词映射到主题词表，建立一对多或多对一的索引，实现基于自然语言的百科知识描述和检索。

"分类法—主题词—用户标签"的映射是构建网状知识脉络、进行网络百科词条微观组织的主要途径。在网络百科的概念系统中，可以对资源进行浅层聚类，将主题词映射到分类空间，然后再进行主题与标签之间的相似性计算。用户标签可以作为分类法和主题法的一种有效补充手段，为用户提供更为便捷的入口和使用方式。

②宏观知识组织。知识链接是从语义的角度对各类载体的知识进行关联，有助于从宏观层面打破知识之间的隔阂[54]。网络百科需要从数据资源链接、知识组织工具链接、语义知识链接 3 个维度进行全局的知识组织，形成具有不同颗粒度的层次型知识组织方式。

数据资源链接。主要是通过元数据进行各类资源的标注和关联，如基于都柏林核心元数据，对资源进行基本描述，形成便于共享和传播的资源。关联数据、语义网等理论的出现，有助于通过 URI、元数据等对网络资源和数字对象进行规范控制，实现各类资源的有效链接。

知识组织工具链接。对于各种不同的叙词表、分类表进行集成、映射、融合和链接，通过兼容转换形成一个有机统一体，是实现百科知识融会贯通的有效手段。主要包括：基于语义相似度计算和概念映射，进行异构知识组织工具之间的互通和互操作；用户检索语言向受控语言的映射与转换，将自然语言的易用性与受控语言的规范性结合起来，为用户和知识对象之间提供更为有效的链接途径。

多维语义知识链接。网络百科包括各种维度、各种粒度的知识面，如人物、新闻、历史、科技等都可以采用文本、图像、音频或者视频方式进行展现，知识点之间语义关联呈现复杂网状特征，需要对这些知识对象的属性特征和相互关联进行深度发掘。同时，在知识点之间的链接主要体现为词语层面的相关关系，可以借助用户标签统计、本体语义关联、共现计算等方法，提高知识点之间的语义内聚性。

（3）服务应用层

网络百科的实质是将各类知识资源进行有机整合，为社会公众提供知识服务。它可以为用户提供百科知识的检索导航，通过知识之间的语义关系进行统一的浏览、导航和管理。同时，也可以作为应用程序接口API 被计算机调用，嵌入应用系统中，用于辅助翻译、知识挖掘等领域。借助可视化技术，可以对网络百科的知识进行图形化展示，直观地揭示知识之间的关联性，提高用户学习知识的效率和兴趣，是一种新型的应用方式。

4.2.3　百科知识动态更新机制

网络百科的知识组织要在统一的组织框架下进行持续更新，满足用户不断变化的动态需求。层次化知识组织模型为知识的更新提供了有效的维护机制，如通过用户交互、专家审核等方法，能够对知识组织的效果进行动态监测和调整，并通过自然语言处理技术，对大规模动态知识进行有效管理、利用和更新。

网络百科的知识组织需要遵循相应的语义格式和存储格式，有利于保证网络百科的一致性和规范性。例如，建立统一的元数据审核机制，将专家审核与用户的自主使用相互结合，保证知识内容的准确性和组织结构的一致性；采用国际通用的 SKOS 知识描述格式，有利于实现资源之间的统一存储和语义描述。

知识组织与数据挖掘、文本抽取、文本分类等一系列技术紧密相关，面对动态变化、迅速更新的海量知识信息，可以采用相关技术手段对知识内容进行半自动的发现、挖掘和融合，以提高百科知识的时效性。例如，采用词义计算技术进行新词发现、同义词计算、相关词推荐、资源链接等，有助于提高网络百科的编制效率；借助可视化技术对知识分类、主题关系进行图形化展示和动态监测，可以降低人们对复杂事物的认知难度，提高网络百科的用户友好性等。这些技术的应用有助于进一步完善和丰富网络百科的知识组织手段。

4.3 小结

术语是网络百科的重要支柱，二者密不可分。本节在总结现有的网络百科知识组织模式的基础上，提出了具有一定普适性的层次化参考模型，从微观和宏观两个层面对百科知识内容进行有序组织，形成立体的概念空间网络，进而讨论了百科知识的动态更新问题，对于百科知识组织具有重要意义。如何在统一的层次化参考模型指导下，通过映射、集成等方法弥合不同知识组织工具术语之间的隔阂，形成知识的深度语义关联，是网络百科知识组织需要进一步加强研究的课题之一。

第四章 术语计算技术：从数据中"挖掘"知识

 **本章导读**

　　术语计算技术可以为术语知识库建设提供强有力的技术支撑，并为叙词表等知识组织工具构建提供辅助手段。本章主要研究：

　　●科技语料库是术语计算的基本材料，如何构建科技语料库并用于术语识别、释义抽取等？

　　●每个术语各入其类，按照类别进行提纲挈领的知识管理非常必要。对海量的专业术语，如何在现有知识库的基础上进行自动分类和自动聚类？

　　●同义关系是基本的词间关系之一。如何通过术语知识库中现有的语义知识构建同义关系？

　　●知识单元是术语的"基因"，如何从句子中发现知识单元，进而实现更精细的知识组织与聚合？

1　科技语料库与术语知识抽取：语料为水，算法为舟

1.1　面向知识组织的科技语料库：知其一，也知其二

　　语料库是知识获取的主要途径之一。基于机器学习（Machine Learning）的方法，计算机通过统计模型可以从训练语料库中快速计算具有数据的规律性，通过优化和改进统计模型，形成具有一定通用性的知识。语料库作为构建术语知识库的重要基础资源，为术语知识库提供客观的、

可量化的真实语言素材和上下文语境，有助于解决如下问题。

①由于术语库中的词语带有很强的专业性，即使是行业领域的专家，在面对一个个散落的词语时，也难以对专业跨度大、用法各异的词语立即给出确定的答案，常常出现"只知其一，不知其二"的困境。因此，必须寻求一种有效的手段，为专业术语提供更多的上下文有效信息，帮助领域专家以客观的、可操作的方式进行判断和遴选。

②传统术语由于缺少相应语言材料和技术手段的支持，难以进行定量的研究，不得不主要依赖专家的个人经验，容易造成术语选择的主观性比较强，降低了其适用性。必须探索一种"定性 + 定量"的研究范式，进一步提高术语知识库的质量。

语料库技术是解决上述两个问题的一种有效方案。本节将介绍语料库技术的理论基础和实现技术，把自然语言处理学界已经比较成熟的方法和技术引入术语知识库建设工作中来，并通过实例说明语料库对术语知识库建设的作用，对以上两个问题提出相应的解决办法[55]。

语料库可以帮助人们观察和把握语言事实，分析和研究术语规律。利用语料库，人们可以把指定的术语现象加以量化，并且检测和验证相关术语理论、规则或假设。可以说，语料库是术语研究的基本材料，也是计算机处理文本的必备基础。正因为如此，近年来各国纷纷重视语料库研究和建设工作，纷纷建立起一定数量、各具特色的语料库。

1.2　科技语料库设计与管理：建立"计算"的数据基础

万方、维普等大型文献数据库拥有上千万条数据记录，进行了详细的元数据标注和分类，是形成科技语料库的理想来源。这些数据具有很高的知识含量，是人们获取专业知识的权威渠道。术语知识库可以基于这些文献数据，通过文本转换、抽取、标注等加工技术，形成用于知识组织的科技语料库。

①首先，从文献数据库中抽取合适的样本，注意学科的平衡性。这些文献的内容要尽可能与目标领域密切相关。语料库的采样以专业性的工程技术类文献为主，包括来自专业科技文献的文摘和来自网上的科普

文献，采用统一的元数据框架进行标注。语料库样本的科学性是保证语料库质量的前提条件。

②其次，语料数量应该保证一定规模，才能为术语知识库提供足够的素材来分析收集词汇。从目前情况来看，可能包括以下语料资源。

- 科技类正式出版物，如科技期刊论文、学位论文、会议论文等；
- 灰色文献，如科技报告、专利、研究报告等；
- 科普类语料，包括教材、网站，主要面向具有高中以上文化程度的人员。

③语料的规模和动态维护。规模是指语料库的词次（Word Tokens）总数和不同的词型（Word Types）总数，以及语料库该包含多少文本范畴，每个范畴应包含多少样本等关系到语料品质的问题，但规模绝非越大越好。根据齐普夫定律（Zipf Law），语料的代表性与语料的频次的乘积趋向于常数 k：

$$f \times r = k, \tag{4.1}$$

式中，f 为词频，r 为词频的顺序，k 为常数。

服务于术语知识库的语料库需要动态更新，将那些新的文献及时追加到语料库中来，用以反映科学发展的真实情况。

④语料的加工深度。对语料的加工，既可以从文献的角度，标注出文献的元数据，也可以从内容的角度，对知识点进行深入挖掘。除了依靠自然语言处理技术进行语料库的常规标注外，如分词、词性标注、句法分析、词义消歧等，还需要对科技术语的表达方式、科技论文的话语结构（Discourse）进行标注。未登录词（Out-of-Vocabulary，OOV）和词义消歧（Word Senses Disambiguity，WSD）的处理是难点。

此外，其他的技术问题还包括：

①设计和规划：主要考虑语料库的用途、类型、规模、实现手段、一致性保证、可扩展性等。

②语料的采集：主要考虑语料获取、数据格式、字符编码、语料分类、文本描述，以及各类语料的比例以保持平衡性等。

③语料的加工：包括标注项目（词语单位、词性、句法、语义、语

体、篇章结构等）标记集、标注规范和加工方式。

汉语的书写以汉字为单位，是一种缺少严格意义的形态变化的意合型语言，没有明显的形态界限作为分词标记，因而汉语存在特有的分词问题。把连续字符串区分为一个个离散的概念单位，提高文本的意义独立性和算法的覆盖面。因此，术语库对自动分词具有非常重要的作用。

④语料管理系统的建设：包括数据维护（语料录入、校对、存储、修改、删除及语料描述信息项目管理）、语料自动加工（分词、标注、文本分割、合并、标记处理等）、用户服务功能（查询、检索、统计、打印等）。

⑤语料库的应用：针对术语学理论和知识组织的各种问题，研究和开发处理语料的算法和软件工具。

以工程技术专业类的科技文献作为语料，构建具有一定平衡性的科技语料库，可以应用于叙词表编制、词频统计、词义消歧、共现计算、句法语义分析、信息抽取、新词发现、热点监测等多个领域，如图4.1所示。

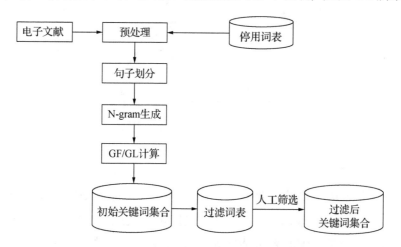

图4.1 科技语料库在术语发现中的应用流程

1.3 科技语料库应用举例：事实的力量

1.3.1 词语选择：非词判定与新词发现

术语遴选是术语知识库的重要工作，语料库可以为此提供重要参考。

在术语知识库中，对于未经验证的大量"准术语"，可以放入语料库中进行词汇的预处理，分清楚哪些词语是高频的，哪些词语是低频的，哪些词语是新词，哪些词语是无效字符串，有利于专家将精力集中在核心词汇上，降低工作强度；及时吸收新的词语，有利于对术语知识库的更新和维护。

词语的使用频度决定了词语是否"非法"，使用频率高的字符串大多可以断定为词语；使用频率低的词语可能是新词语，也可能是非词；使用频率为零的词语，通常更可以断定为非词。将人工判断的词语提交到语料库，统计该词语在语料库中出现的频度。如果频率过低，则进入新词语判断模块；如果确认为不是新词语，则进入非词模块，予以排除，如图 4.2 所示。

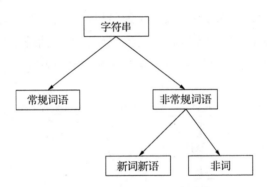

图 4.2　基于语料库的术语识别

1.3.2　参考释义抽取

释义是术语工作的重要方面，语料库为释义选取提供了良好的方法和技术。根据词语释义的表达方式，制定正则表达式；根据正则表达式，在语料库中批量匹配所有可能的段落作为释义，提供给专家作为参考释义。释义一般的模式为嵌套的三元组：

　　　　< 上文语境，< Term，谓词，参考释义 >，下文语境 >

表达式一：术语在前，定义在后；

前项：词语本身 Term；

中项：谓词。

词语类：是、就是、是指、多指、又指、是说、应用、用于、应用于、属、属于、采用、除了、即、相当于、等同于、也称、又称、定义为、也叫、包括、包含、用、利用、借助、由、将、以、在、从、出自、来自、来源于、产于、位于、为、存在于、多见于、俗称、旧称、主要成分、具有、生于、发生于、针对、经过、有、可、可以；

标点类：冒号（:）；

后项：句子的末尾，以句号为结束点。

（相关模式可以从现有的词库中总结）

表达式二：定义在前，术语在后；

前项：术语所在的语句；

中项：谓词，如称为、称之为、成为、定义为、叫作、即、总称、合称、统称；

后项：词语本身 Term。

正则表达式是实现文本模式匹配的强有力工具，可以应用在信息抽取、信息检索等领域，能够快速、准确地从海量的自然语言文本中检索出指定的信息。如图 4.3 所示，通过正则表达式在大规模专业语料库中自动抽取术语释义。

从本质上说，正则表达式是用一个指定的"字符串"来规定一个模式，然后用它在大规模语料库中匹配另一个"字符串"是否符合这个特征。也就是说，它比固定字符串更加灵活、方便。利用正则表达式可以实现的功能包括以下 3 点。

①检验字符串是否符合指定特征，如验证是否是合法的术语释义模式。

②查找字符串，从文本中查找符合指定特征的字符串。

③替换，用特定的字符串对文本中某些字符串进行替换。

正则表达式一般集成在编程语言中，用于实现文本字符处理，当前多种热门语言如 PHP、Basic、Perl 等都配备了相应的类，用于支持使用正则表达式。C#中的 Regex 类可以完成正则表达式的大多数操作。

图 4.3　通过正则表达式实现术语释义抽取示意

1.4　小结

在自然语言处理领域，长期存在着"理性主义"和"经验主义"的分野。理性主义者主要通过规则和语言学家的内省或者逻辑演绎，对语言进行精细入微的概括，他们认为语言是先天自足的良性系统，通过专家内省可以准确把握语言规律。而经验主义者则认为语言是概率性的社会现象，主要通过语言材料和统计方法，发掘语言分布特征并预测未来走向。二者不同的理念决定其方法和技术的差异性。

语料库技术作为经验主义的方法，可以从对语料资源的统计和学习中，获得对未来的某种预测，在哲学上属于归纳法的范式。著名哲学家罗素先生在《哲学问题》一书中，精辟地指出：

①如果发现某一事物甲和另一事物乙是相联系在一起的，而且从未

发现它们分开过，那么甲和乙相联系的事例次数越多，则在新事例中它们相联系的或然性也越大。

②在同样情况下，相联系的事例数目如果足够多，便会使一项新联系的或然性几乎接近于必然性，而且会使它无止境地接近于必然性。

大规模的科技语料库是进行术语计算和知识挖掘的基础资源。统计语言模型本身并不关心其建模对象的语言学信息，它关心的是一串符号的同现概率。例如，N元语法模型关心句子中各种单元（如字、词、短语等）近距离连接关系的概率分布，而对于许多复杂的语言现象，则采用深度学习、分层迭代的方法计算其概率。这与术语知识的抽取和发现思路总体是一致的。

理性主义者对语料库和统计方法持质疑和批判态度，这有其合理性。著名语言学家、转换生成语法学派的创始人Chomsky认为，语料库只是语言的结果，无论规模多大，都难以穷尽所有的语言现象，在处理语义和语用知识时，语料库存在着严重的数据稀疏现象；语义也不是随机过程，而是具有认知依据；语用知识也不符合"独立性假设"这一前提，这就决定了语义和语用知识主要靠人类的内省和总结，演绎法是获取语用和语义的主要来源[56]。大量深层次语义和语用知识难以用某个统计模型快速地从语料库中获得，而必须在人类理性的指导下才能更好地获取。

因此，将语料库与专家知识相互结合，重视归纳方法与演绎方法的结合，才能达到高层次的求知探索。大规模真实语料统计方式比较适合于一些特定的术语知识发现，如各种频度现象的统计、新词搜集、反映表层语言现象的具体统计模型的验证（包括模型参数的确定）和应用等，而深层术语语义和语用现象则更多地需要领域专家的支持。

2　跨语言术语自动分类：物以类聚，触类旁通

分类是人们认识客观世界、构建知识系统的重要方式。图书情报界将科学研究的成果进行归纳和提炼，构建起统一的、可共享的知识框架，形成了杜威十进分类法DDC、《中国图书馆分类法》等多个分类体系，

主要用于文献层面的分类组织管理和服务，成效显著。术语作为知识的基本单元，需要在统一的分类体系下建立"类别—主题—术语"的映射关系，将各个离散的、孤立的术语各入其类，实现自然语言与受控语言的兼容互通，形成对知识的精细化组织和服务。例如，在现有的类目下增加更多的入口词，依据分类框架对术语进行提纲挈领式的组织和管理，"触类旁通"，用于概念聚合、跨语言映射及语义逻辑校验等，提高分类体系的完备性和易用性；以术语为单位、以分类为坐标进行知识内容的深度关联，形成计算机可读的领域知识库，实现语义层面的智能标引、检索、文本分类和自动推理，提高知识服务的智能性和自动化水平。术语分类作为知识组织的关键技术之一，是图书情报工作从文献服务走向知识服务的基础性工作[57]。

术语分类是一项专业性很强的智力劳动。叙词表、范畴表、同义词表、百科、术语辞典等资源包含了大量的专业术语。这些术语数量庞大、专业性强、更新速度快，单纯依靠领域专家进行手工分类，不仅工作周期长、人工成本高、劳动强度大，而且分类结果的一致性也不易保证，无法充分满足用户的知识需求。因此，需要研究术语自动分类的方法，帮助领域专家不断提高术语分类的效率和准确性[58]。

术语是专业领域中概念的语言指称，绝大部分术语专指性和规范性比较强，在特定的专业领域内有明确的概念内涵，歧义现象较少；对于少部分有歧义、属于多个学科类别的术语，可以通过允许其有多个类别，分别判断各个分类的准确性。在已经建成的术语知识库中，大部分术语具有中英文对应关系，为进行跨语言自动分类提供了良好的语料基础。以术语库为基础，通过跨语言的术语语义推导和词形规范处理，实现术语的自动分类，有助于叙词表、术语库等知识组织工具的建设和应用效果。

2.1 术语分类推导－归并模型：由已知推断未知

《中国分类主题词表》（以下简称《中分表》）是在《中国图书馆分类法》和《汉语主题词表》的基础上编制的，成为两者兼容的一体化情报检索语言，这为进行跨语言的术语分类提供了良好的分类框架和测试标准。本小节采用了3部英文叙词表的41 458个术语作为测试术语，通过跨语言推导－归并模型，从叙词表、术语词典等总数约500万词的中文术语库中获得推荐分类号，基本满足了测试要求。术语的分类采用《中分表》的框架体系，为每个术语自动推荐出《中分表》中的分类号，并与国内现有的《中国图书馆分类法》等其他知识库保持分类体系的一致性，有利于保持术语分类可扩展性，进一步提高分类效果。同时，将自动分类的结果与《中分表》的分类结果进行对照，有利于较为客观地评价本方法的有效性。

（1）术语分类模型

在跨语言条件下，术语的自动分类可以转换为知识的等价传导过程。用户输入某个术语，以双语知识库作为支撑，通过翻译关系、语义关系（同义关系、属分关系）和词形处理，获得多个候选分类结果集；然后，对分类结果进行适当的归并，在统一的分类框架下获得相对准确的分类结果。具体流程如图4.4所示。

具体流程是：首先把英文术语与中文术语库中的术语进行匹配，如果能够在术语库中获得中文术语的分类号，则直接将中文的分类信息赋给该英文术语。然后，从语义关系出发，通过叙词表等知识组织工具中的用代关系和属分关系，或者通过对英文术语进行词形的规范化，将具有相同原型的术语视为同义词，也可以从术语库中推导出分类号。上述方法可以为大多数英文术语获得一定数量的候选分类号。如果一个词具有多个候选分类号，则记录每个分类号的来源个数，并按照来源个数从高到低降序排列，作为判定术语候选分类号准确性的依据。

对于分类级别不同的术语，需要对分类的级别进行逐层归并，至少归并到术语的二级分类。获得候选分类号以后，每个英文术语的分类号按照量化的阈值进行划分，推荐出更为准确的分类号。

（2）推导过程

①英汉翻译推导。英汉翻译关系是同一概念在语言形式上的不同反映，通过中英文跨语言翻译，是获得英文术语范畴的一个有效途径。将

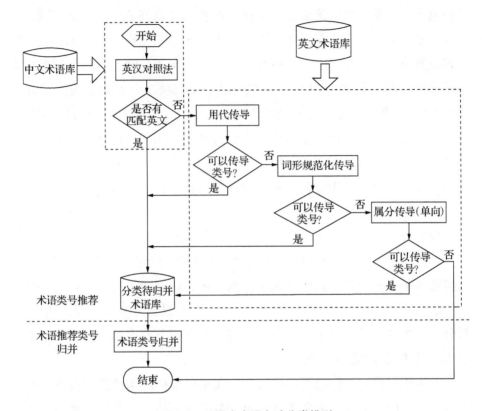

图 4.4　跨语言术语自动分类模型

英文术语与中文术语库中的英文翻译匹配，如果匹配成功，则取出对应中文的中图号给英文术语，同时统计每个对应中文中图号的来源数，可以为分类号归并时提供依据。例如，EI 叙词表中术语"Aggregation"具有多个中文翻译，术语库中给出的分类信息也不尽相同。利用英汉对照法推荐分类后，可以明确推导出该术语主要的分类分布在"O4""TQ53""TF"等类别，可以较为直观地揭示该术语的分类，结果如图 4.5 所示。

②词形推导。在英文术语中，存在许多具有相同词干或原型的术语，这些具有同一词干或原型的术语在语义范畴上往往非常接近。为此，可以利用词形规范化的方法对不同词干或原型的术语进行范畴推荐工作。如果两个不同的术语对应同一个词根，那么，这两个术语可能属于同一

英文术语	对应中文术语	分类	来源数
aggregation	团聚作用	TQ53	2
aggregation	团聚作用	Q959	1
aggregation	团聚作用	S152	1
aggregation	团聚作用	Q958	1
aggregation	聚结	TQ450.11	1
aggregation	聚结	TQ450.45	1
aggregation	聚结	O3	1
aggregation	集合物	R75	2
aggregation	集合物	D9	2
aggregation	集合物	S816	1
aggregation	集合物	D913	1
aggregation	凝聚	TD94	1
aggregation	凝聚	TL	1
aggregation	凝聚	R97	1
aggregation	凝聚	R75	1
aggregation	凝聚	TF	2
aggregation	凝聚	TF8	1
aggregation	凝聚	TQ610.42	2
aggregation	凝聚	O4	6

图 4.5　术语翻译与分类的对应关系

个范畴。规则为：术语 A→词根 x 且术语 B→词根 x，那么术语 A、术语 B 属于同一范畴。

目前，词形规范化工具使用斯坦福大学 Specialist NLP Tools 的 Norm 工具进行词形还原后，准确率约为 93.5%，可以有效对英文术语进行词形规范化处理，将具有相同原形词根的术语作为同一个类别。例如，EI 叙词表中词"Airport vehicular traffic""Airports-Vehicular traffic""Vehicular traffic（airports）"3 个术语经过词形规范化后均为"Airport traffic vehicular"，在这种情况下，只要这 3 个术语任何一个有推荐类号，就可以将此类号推荐给其他 2 个术语。

③术语语义关系推导。叙词表中术语词间关系包括等同关系、属分关系和相关关系 3 种类型。其中，等同关系是指两个或两个以上的词所表示的概念完全相同或相近，彼此之间可以相互代替的语义关系，具有等同关系的术语之间是可以相互代替的，为此两者必然存在于同一分类下；属分关系是指概念内涵相容、外延宽窄不同的叙词之间的关系，具有属分关系的下位术语必然存在于同一大类下，且分项肯定隶属于属项的类目，当属项类别已知、分项类别未知时，分项可以自动继承属项的类别。利用叙词表词间关系自动推荐范畴规则如下。

等同关系：如果 A USE B 或 B UF A，那么术语 A、术语 B 属于同一分类；

属分关系：如果 A BT B 或 B NT A，且 B 的分类已知，则术语 A 与术语 B 属于同一分类。

例如，EI 叙词表 "Bildschirmtext" 这一术语的用项是 "Viewdata"，其分类号推荐为 "TN94 电视"；"Erosion" 在术语库中无法找到确切的分类，则可以通过继承其上位词 "Corrosion" 的分类 "TG1 金属学"，由此获得相对可靠的分类信息。

（3）归并与优化

大多数术语可以获得一定数量的候选分类号，需要进行适当的归并，对候选结果进行优化，采用投票机制和阈值进行判定，优选其中较为准确的予以推荐。分类采取 "向上归并" 的策略，深度达到 2～3 级，以实现对文献的类别化检索和组织，基本满足实际的需要。过于细致的自动分类不仅导致计算过程的复杂，也容易造成准确性的下降。类号的归并主要分为以下两种情况。

①类别多属，按照投票机制归并。一个术语属于多个不同分类，需要确定其主要的类别。术语的某个分类如果被多次推荐，则可以根据来源的数目进行 "投票"，来源数越多，则说明此术语在该分类下的可靠性越高。例如：EI 叙词表中 "Dysprosium alloys" 这一术语具有 5 个不同的分类号，其中 "TG146" 出现 3 次，在所有来源数中排列第一，则优先选择其作为推荐分类号（图 4.6）。

英文术语	对应中文术	分类	来源数
Dysprosium alloys	镝合金	TG13	1
Dysprosium alloys	镝合金	TL	1
Dysprosium alloys	镝合金	TG14	1
Dysprosium alloys	镝合金	TG146.45	2
Dysprosium alloys	镝合金	TG146	1

图 4.6　术语按投票机制归并

②大类相同，按照粗细程度归并。分类法通常采用等级结构，级别越深，知识的颗粒度越细；反之，类号越粗，知识颗粒度越大。一般来

说，以二级分类作为基准（Baseline），就可以实现对术语的分类管理。将术语对应的候选分类号依次按照四级、三级、二级、一级展开，分别统计各级类目下英文术语对应的中图分类号的个数，并计算此中图分类号所占的比例，进行归并。

类号归并是一个迭代优选的过程。将阈值分为 X≥50%、30%≤X<50%、20%≤X<30%、X<20% 4 个区间，分别计算出四级类、三级类、二级类和一级类所占的比例，并作为最终筛选的阈值进行量化。按照"高比例、细粒度"的原则级别从细到粗进行排序，如果某个分类号占所有分类数量的比例较高，并且粒度不少于二级，则优先进行推荐。归并流程见图 4.7。

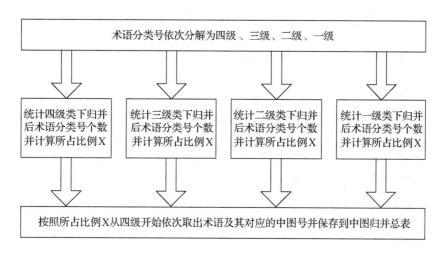

图 4.7 英汉对照法中图分类号归并流程

2.2 术语分类实验：看看结果如何

（1）实验过程

为了测试本方法的有效性，采用 EI 叙词表、Inspec 叙词表和美国国会图书馆编制的《图形材料叙词表》（Thesaurus for Graphic Materials）3 部叙词表中的 41 458 个术语作为测试术语，利用英汉翻译、词义传导、词形规范化等方法，对叙词表、术语词典等总数约 500 万词的中文术语库进行测试。以归并后推荐二级分类作为合格标准来确定术语范畴，经自动推荐后，约97.18%的术语都可以获得一个候选分类，推荐效率总体上是较高的；通过用代关系、属分关系等语义关系传导，可以为约55.54%的术语推荐出候选分类号，叙词表的语义关系为自动推导提供了重要的知识基础；通过英汉翻译，可以为40.75%的术语推荐候选分类号；通过词形规范化效率相对较低。总体来看，基于英汉对照和语义关系推导进行术语自动分类，效率较高，是行之有效的方法。其推荐返回数如表4.1所示。

表 4.1　41 458 个术语二级及以上分类效率统计

方案	英汉翻译推导	用代传导	词形规范化	属分传导	总推荐数	未推荐范畴
推荐个数	16 893	14 972	367	8056	40 288	1170
所占比例	40.75%	36.11%	0.89%	19.43%	97.18%	2.82%

（2）结果分析

《中分表》中的术语、英文翻译、类号较为清晰，可以作为测试分类结果准确性的依据。首先把测试术语与《中分表》中的术语进行匹配，共成功匹配6651个术语，这些术语在《中分表》中也被同时收录；以匹配成功的数据作为样本，比较其类号与《中分表》中对应术语的二级类号是否相等，如果相等，则表示分类结果正确，最终统计后，术语分类的准确率约为71.87%，结果如表4.2所示。

表 4.2　6651 个术语分类准确率

类型	分类相等术语个数	分类不相等术语个数
准确数	4780	1871
准确率	71.87%	28.13%

实验中，由于采用的《中分表》编制时间较早，客观上存在收词数量较少、更新慢、术语分类较宽等问题，大部分术语都只有1个类号，这对本实验的测试结果存在着一些影响，可能会导致一些统计误差，可以通过扩大术语知识库规模来提升实验结果。对于部分专指性较弱的通

用概念，往往在多个不同类别中分散出现，可以根据该术语在各个分类下的出现频率，从高到低推荐出主要分类号，并允许有多个分类号，保留一定的冗余，由专家或者用户确定最终分类号；对于未能推荐到分类号，或者通过本方法推荐的分类号不够准确的术语，则可以尝试以文献数据库中人工标引的文章分类号作为词的分类号，根据术语与文章分类号的对应关系和紧密程度，获得大致的分类信息。总体而言，本实验初步证明了基于术语库进行跨语言的术语分类推荐是可行的，为进行术语分类提供了较为适用的半自动辅助手段。

2.3　小结

利用翻译关系、词间关系和词形规范，通过术语库为英文术语进行自动分类，可以充分利用长期积累的术语资源，实现对术语分类的迭代性扩充，实验结果初步验证了该方法的可行性。术语分类本质上是语义计算问题，通过引入语言统计模型和机器学习技术，可以促进自动分类研究。例如，采用 KNN 邻近算法等决策模型对术语分类的结果进行量化计算，实现更细粒度的术语分类；采用知识单元抽取技术，对术语的微观语义进行约束控制和词义消歧，有助于提高分类的准确性。术语库是进行知识挖掘的重要知识源，图书情报界长期积累的各种知识组织工具不仅是进行文献组织、标引、管理等的重要工具，而且从知识工程的角度来看，术语库也是面向计算机进行语义计算、知识挖掘的重要知识库。

3　术语自动聚类：给知识拍个"快照"

自动聚类（Clustering）是大数据环境下知识组织的重要支撑技术。其意义在于，自动聚类事先并不依赖于既定的固定分类框架，而是按照语义关联性对术语和词间关系进行语义计算，以更细的颗粒度动态揭示知识的主题相关性与局部关联性，其语义关联性、自适应能力及可移植性更高，比较适合大数据时代知识的有效组织，提升信息检索、信息推送、知识导航等智能化水平，具有重要的理论和应用价值[59]。

自动聚类的核心是语义相似度计算，主要依赖于计算模型和语料数据。当前，图书情报界通过共词计算等方法，构建共现关系网络，对特定领域的术语及词间关系进行关联和分析，已经较为成熟，有助于形成更深层次、更有针对性的知识组织方式[60]。然而，共现网络呈现松耦合关系，语义关联性不足，对开放领域的大规模知识关联仍有待深入探索。以开放领域的关键词共现关系网络为基础，引入聚类算法，对共现网络中的术语进行自动聚类，更精细、准确地提高知识的内聚性和关联性，是本节的主要研究目标。

3.1　聚类计算模型：分步推进，逐步逼近

采用两步聚类＋层次聚类法对术语关键词间的关联性进行判定，依次包括 3 个主要阶段：①预处理阶段，实现对关键词数据的提取、高频词抽取并形成计算矩阵；②聚类阶段，通过两步聚类法，迭代进行聚类并优化，这也是最关键的步骤；③输出阶段，对领域知识网络进行可视化分析，并进行动态更新。具体实现流程如图 4.8 所示。

3.1.1　词语遴选计算模型

选择关键词构建共词矩阵是共词分析的第一个关键步骤。根据关键词出现的词频进行确定。如果选择的关键词过少，可获得的信息量太少，则不能全面反映学科领域的构成；如果选择的关键词过多，又会造成聚类图太复杂而影响对结果的正确解读，给共词分析过程带来不必要的干扰。采用以高频词为主构建初步知识网络，然后低频词向高频词近似挂靠，逐步实现知识网络的扩展。

对于高频词阈值的设定主要有两种方法：一种是基于经验判定法；另一种是结合齐普夫定律——低频词分布定律和高低频词分界公式判定高频词的阈值。

（1）齐普夫第一定律

$$\frac{I_n}{I_1} = \frac{2}{n\,(n+1)},\tag{4.2}$$

式中，I_n 表示出现 n 词的词量，I_1 为出现一次的词的数量。

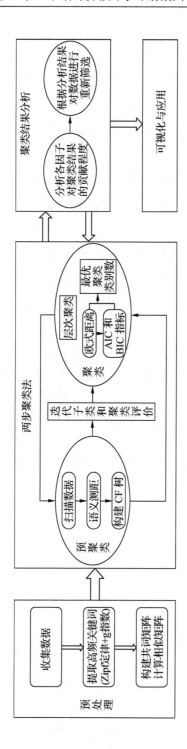

图 4.8　领域知识网络两步聚类法总体流程

齐普夫第二定律——高频词分界公式：

$$T = \frac{-1 + \sqrt{1 + 8I_1}}{2}, \tag{4.3}$$

式中，T 为高频词和低频词的分界频次，I_1 为出现一次的词的数量。例如，T = 100，则出现次数大于 100 的为高频词，其余为低频词。

（2）词频 g 指数

Hirsch 提出用作者 h 指数衡量学者个人的论文产出数量和质量，引起了学界广泛关注。Egghe 利用 g 指数对 h 指数进行了修正。g 指数的计算过程为：将源论文按被引次数降序排列，找出 g 值，使得前 g 篇论文被引次数总和大于或等于 g^2，而 $g+1$ 篇论文的被引次数小于 $(g+1)^2$。可以看出，g 指数反映的是高质量论文分布情况。通过 g 指数来确定高频词的阈值，有助于解决齐普夫定律对低频词规范化的限定，并降低术语选择的主观程度。

根据 g 指数的计算方法，将词频 g 定义为：某一个研究主题关键词的数量分值为 g，当且仅当此研究主题的关键词总量为 N 中，有 g 个关键词其累计出现频次不少于 g^2，而 $g+1$ 个关键词其累计出现频次少于 $(g+1)^2$。g 指数的计算过程如表 4.3 所示。

表 4.3　g 指数计算过程

序号	关键词词频	约束条件
1	F_1	$F_1 \geqslant F_2$
2	F_2	$F_2 \geqslant F_3$
…	…	…
$g-1$	F_{g-1}	$F_{g-1} \geqslant F_g$
g	F_g	$\sum\limits_{i=1}^{g} F_i \geqslant g^2$
$g+1$	F_{g+1}	$\sum\limits_{i=1}^{g+1} F_i < (g+1)^2$
…	…	…
N	F_N	$F_{N+1} \leqslant F_N$

（3）低频词处理

用高频词代表领域整体的学科研究存在着以偏概全的可能性，而低频词有助于获取一些隐含主题或新兴主题的信息，因此在获得一定数量的高频词后，借助共现计算可以挖掘专指性较强且含有大量重要共现关系的中、低频词对其进行补充，两者结合形成新的共词矩阵进行分析，这样在兼顾数据处理与计算代价的同时，也能够最大限度地反映领域知识全貌。

3.1.2 建立高频关键词共词矩阵

两两统计不同关键词在同一篇文章中共同出现的次数，形成一个共词矩阵。为了消除频次间的差距对分析结果造成的影响，将共词矩阵的数据转化成相关矩阵。引入 Ochiia 相似系数法进行计算，将共词矩阵转换成相关矩阵。计算公式为：

$$\text{Ochiia 系数} = \frac{N_{ij}}{\sqrt{N_i * N_j}}, \tag{4.4}$$

式中，N_i 和 N_j 分别代表关键词 i 和 j 出现的次数，N_{ij} 指关键词 i 和 j 共现的次数。

在所得的相关矩阵中由于 0 值过多，进行统计分析时易造成较大误差，为方便处理，用"1"减去相关矩阵中的每个数据，得到表示两词间相异程度的相异矩阵。

3.2 两步聚类算法：可计算的语义距离

两步聚类法分为两个步骤。第一步是预聚类，即对案例进行初步归类（允许的最大类别数由使用者自己指定）；第二步是正式聚类，此时将对第一步得到的初步类别进行再聚类，并确定最终的聚类方案，并且在这个步骤中会根据实际需求确定聚类的类别数量与层级深度。

3.2.1 预聚类

本步骤通过构建和修改聚类特征树完成。聚类特征树包含许多层的节点，每一节点包含若干案例。与树模型类似，聚类特征树也把节点区分为分枝节点与叶节点。每一个叶节点代表一个子类。

　　针对每一个案例（Case），都要从根开始进入聚类特征树，并依照节点条目信息指引找到最接近的子节点，直到到达叶节点为止。如果这一案例与叶节点中条目的距离小于临界值，则进入该节点，并且各节点的聚类特征都会更新，反之该案例会重新生成一个叶节点。如果这时叶节点的数目大于指定的最大聚类数量，则聚类特征树会通过调整距离临界值进行重新构建。当所有案例都通过上述方式进入聚类特征树，预聚类过程结束。

3.2.2　正式聚类

　　在第二步中，将第一步得到的预聚类结果作为输入，对之进行再聚类。由于这个阶段所需处理的类别已经远远小于原始数据的数量，所以可以直接采用传统的聚类方法进行处理。一般采用合并型层次聚类法进行。

　　其中，层次聚类方法是指集群不断融合的过程，直到一个集群组包括所有的记录全部覆盖。这个过程始于为每个子集定义一个初始集群。然后，所有集群进行比较并且集群之间距离最小的两个集群会合并成一个集群。这个过程一直迭代执行，直到所有集群已经合并。因此，该方法能够简单、快速地比较不同数量的集群并进行聚类。采用层次关系对整个分析过程进行计算，每一步中完成的合并或者分割都可以用一张二维图形，即"树状图"来表示。

　　计算集群间的距离可以使用欧氏距离和对数似然距离。欧氏距离适用于连续变量的情况，对数似然距离既可以分析连续变量，也可以计算离散变量。其中，欧式距离的计算方法为：

　　空间中任意两个点 A，B，对应的坐标分别为 A（x_1，y_1），则 AB 对应的平方欧式距离计算公式为：

$$|AB| = \sqrt{(x_1 - x_2)^2 + (y_1 - y_2)^2}。 \qquad (4.5)$$

　　在层次聚类的每一个阶段中，都会计算反映现有分类是否适合现有数据的统计指标：AIC 或者 BIC 准则，这两个指标越小，说明聚类效果越好，两步聚类算法会根据 AIC 和 BIC 的大小，以及类间最短距离的变化情况来自动确定最优的聚类类别和数量，实现所有词语各入其类。

3.3　数据实验：肿瘤领域术语聚类效果

3.3.1　数据预处理

首先对万方期刊库"肿瘤"领域 2000 年到 2016 年核心期刊中用户关键词进行统计，得到 154 535 个原始关键词。根据关键词的齐普夫分布规律，按出现频次选择前 10% 的词语作为候选，然后由人工判断，删去其中无实际意义的关键词，并对剩余的同义关键词进行合并，最后实际确定了 15 260 个关键词。将这些关键词按照出现频率由高到低进行排序，作为最终聚类的候选数据集。

为了选取到合适的高频词汇进行后续聚类分析，分别通过齐普夫第二定律和词频 g 指数方法进行高频词的选取，得到高频词的阈值为 199，并取前 837 个关键词作为高频关键词进行后续的聚类分析。为便于计算和辨识，对每个关键词都加了编号，以避免词语歧义问题，并作为种子类别使用。

3.3.2　两步聚类

聚类的目的是将数据聚集成类，使得不同类间的相似性最小，而同一类中的相似性尽可能大。对选取的高频关键词得到的共现矩阵进行两步聚类分析，通过将共词矩阵导入 SPSS19 中进行共词聚类分析，选择"分析"→"分类"中的"两步聚类"，计算结果如图 4.9 所示。

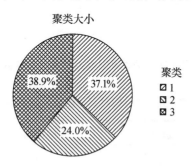

最小聚类大小	40(24%)
最大聚类大小	65(38.9%)
大小比率： 最大聚类比最小聚类	1.62

图 4.9　聚类结果概要

　　图4.9为聚类大小的饼图，通过图形可以看出，这些关键词一共被分为3类，每类所占比例分别为38.9%、37.1%和24%，分布比较均匀。

　　为了进一步考察聚类结果的详细信息，给出了模型概要中的详细聚类信息，如图4.10所示。首先，表格中给出了各变量的主要分布特征；其次，在进行聚类分析时，需要考虑用于进行聚类分析的变量区分度。如果有变量的重要性比较低，可以考虑剔除这些变量，再重新进行聚类分析。如表4.4所示，按照关键词对聚类结果的贡献度降序排列，可以识别出核心类别。图4.10是以编号为152和390两个词语的贡献值进行可视化展示，发现这两个词语呈现明显的差异。

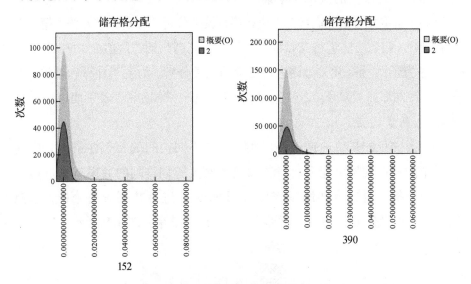

图4.10　关键词对聚类结果的贡献值

表4.4　关键词对聚类结果的重要性

关键词词号	重要性	关键词词号	重要性
15	1.00	610	0.17
152	0.92	288	0.17
218	0.84	669	0.16
498	0.81	719	0.16
57	0.81	390	0.15

根据图 4.10 可以看出，关键词 15 "胶质瘤"的重要性最高，学科区分对比较明显，对聚类分析结果贡献度较大；其次是 152 "肝细胞癌"、218 "胃癌"和 498 "膀胱癌"，在医学中属于不同的类别，对肿瘤学的学科分类也有相当程度的区分度（大于 0.8）；重要性最低的是 390 "喉肿瘤"、719 "癌"、669 "癌，鳞状细胞"、288 "X 线计算机"这些词，属于肿瘤学中的常见词或非规范词，出现次数多但对聚类分析的贡献度较低（低于 0.17），所以在后续聚类分析中可以归入下位类。

3.3.3 聚类结果分析

根据上述聚类结果，从两步聚类结果中对聚类结果不重要的关键词进行归并或舍弃，如"诊断""化疗""基因""人类"等对聚类不明显的常规词。将剩余词语重新计算，得到新的共词相关性矩阵，经过人工判断之后最终得到 61 条核心关键词的相似度矩阵，并对矩阵采用系统聚类方法进行重新聚类分析，将数据导入 SPSS19 中，点击"分析"→"分类"→"系统聚类"，并生成树状图，聚类过程如表 4.5 所示。

表 4.5 关键词聚类归并计算过程

阶段	结合的群集		系数	阶段群集第一次出现		下一个位置
	群集 1	群集 2		群集 1	群集 2	
1	35	50	0.000	0	0	14
2	21	32	0.000	0	0	5
3	22	60	0.000	0	0	9
4	26	40	0.000	0	0	32
5	21	51	0.000	2	0	7
…	…	…	…	…	…	…
31	52	55	0.002	0	0	44
32	26	30	0.002	4	19	34
33	3	11	0.002	26	28	34
…	…	…	…	…	…	…

续表

阶段	结合的群集		系数	阶段群集第一次出现		下一个位置
	群集 1	群集 2		群集 1	群集 2	
58	3	56	0.016	57	0	60
59	1	2	0.020	0	0	60
60	1	3	0.045	59	58	0

表 4.5 给出了聚类分析的详细过程，"结合的群集"给出了在某一步骤中参与合并的对象，在第一步中关键词 35 和关键词 50 合并，第二步关键词 21 和关键词 32 合并，第三步关键词 22 和关键词 60 合并。依此类推，直到所有变量全部被合为一类。"系数"列给出了每一步聚类的聚类系数，该数值表示被合并的两个类别之间的距离大小，即按照组间平均连接法计算出的两类间平均平方欧式距离。"阶段群集第一次出现"表示参与合并的对象最早出现在第几步，0 代表第一次出现。"下一个位置"表示在第几步中与其他类再进行合并。

在图 4.11 所示的聚类结果树状图中，可以看出"胶质瘤""神经胶质瘤""骨肉瘤""鼻咽肿瘤""非霍奇金淋巴瘤""恶性肿瘤""子宫肌瘤""颅内动脉瘤"等首先被聚为一类，"预后"和"免疫组织化学"被单独分为一类，"体层摄影术""X 线计算机"和"误诊"被分为一类，这也说明不同类型的肿瘤病情之间的相关性比较大，同一类别的内聚性比较强，聚类效果较为理想。

实验表明，与以往的聚类方法相比，两步聚类法具有较为突出的特点。首先，用于聚类的变量可以是连续变量也可以是离散变量，能够处理不同类型的数据，比较适合于文本处理与形式化计算；其次，两步聚类法占用内存资源少，运算速度较快，适合对大量数据的聚类；最后，它是利用统计量作为距离指标辅助进行聚类决策，同时又可根据一定的统计标准来"自动地"评价甚至确定最佳类别数量，逐步达到较高的准确率和召回率。本实验的局限性在于，由于聚类方法本身是对语义关系的概率性统计，具有较大的动态性和主观性，因此目前对聚类结果的评

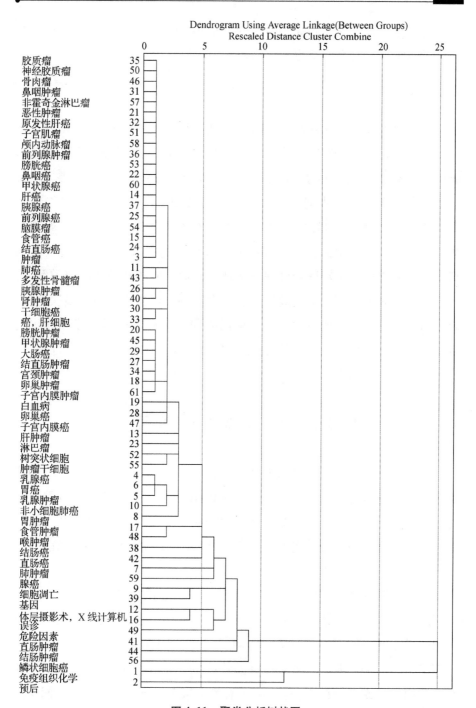

图4.11　聚类分析树状图

价主要以定性分析为主，如何在可对比的数据集上对聚类结果进行定量评价仍需要进行研究，这也是今后要着力改进之处。

3.4 小结

以当前社会关注度较高、文献数据基础较丰富的"肿瘤"领域为例开展聚类研究，不仅有助于提升肿瘤领域知识管理和服务，而且有望形成具有一定学科普适性的知识组织新方法。对术语进行自动聚类，本质上是根据评价函数逐步逼近现实类别体系的过程，最终实现"物以类聚"，满足用户的知识导航、智能检索、术语服务等需求。两步聚类算法的计算量较小，能自动判断最佳类别数与类别层级，同时又能发掘类别间的复杂联系，比较适合处理一定规模专业领域的科技术语聚类问题。共词分析中的关键词对聚类效果也有较大影响，聚类算法需要多次迭代，低频词的噪声干扰还比较大，如何将低频词（其中不少是代表新知识的新术语）进行准确聚类，特别是将关键词与现有的规范词表进行融合，将有助于提高知识聚类的准确性。

4 英文术语同义关系计算：模糊中寻求精确

同义关系是叙词表、语义网络、本体等知识组织工具最重要的构成要素之一，在信息检索、信息标引、术语服务等许多研究领域有着广泛的应用。面对海量的术语和数字化文献资源，如何有效地对英文术语同义关系进行识别和归并，进而提高知识组织工具构建效率，是当前需要加强研究的课题。

同义关系在理论方面进行了大量研究。一般认为，同义词是意义相同或意义相似的词。语言学家 John I. Saeed 的定义是："同义词是那些意义相同或非常相似，但发音不同的词。"《韦氏同义词新词典》给同义词的界定是："本词典中，同义词将始终指的是英语中基本意义相同或非常相近的两个或多个词之一。"认知语言学家 J. Lyons 认为在同义词与近义词之间还有一类词，这类词与另外两类词既有联系又有区别，即把同义词分为 3 类：绝对同义词、部分同义词、近义词。可见，同义词是一种语义边界较为模糊的词语类聚方法，判断标准带有一定的主观性，常常随着人们对客观事物的认识角度、词语使用语境等因素而有所不同，这对计算机进行自动判定带来了很大难度，需要人机结合进行判定。

4.1　同义关系：从模糊中划分边界

模糊性是同义词的重要特征。同义术语之间的差异往往是一个连续过渡过程，对计算机来说，术语的同义关系是相对模糊、不易精确定义的，因而需要采用某种方法近似地确定术语对概念的隶属关系。模糊数学中以量化的模型刻画整体模糊程度，为进行术语同义关系归并提供了参考。词形的模糊归并主要语义内涵、语义外延、语义范围及语义强度等判定因素。以模糊度为基础，应用模糊关系模型，可以将一些边界不清、不易定量的因素定量化，实现英文术语归并。

根据术语对概念的语义距离，可以将英文术语同义关系划分为 3 类：绝对同义词群、部分同义词群、相关同义词群。

（1）绝对同义词群

如果术语 A 与 B 整体意义完全相同，则术语 A 与 B 为绝对同义关系，或称为强同义关系。要满足强同义关系必须满足下列 4 个条件：核心义等同、外围义等同、选择义等同、义域等同。例如，color 与 colour 仅仅是英美拼写方法的差异，二者本质上是绝对同义的。

（2）部分同义词群

如果术语 A 与 B 仅核心义等同，则术语 A 与 B 为部分同义关系，或称较强同义关系。部分同义词群之间仅仅核心义等同，其他意义则不同。例如，Library Cataloging 与 Catalogues（Libraries），后者通过括号形式进行了概念限定，表明两个词语都属于图书馆领域，但由于核心词 Cataloging 与 Catalogues 的词性不同，因而可以视为部分同义。

（3）相关同义词群

如果术语 A 与 B 仅核心义中的共性语义成分等同，则词 A 与词 B 为近义关系，或称弱同义关系。从语义学的角度来观察，这些术语的核心义中有一共性语义成分。这一共性语义成分使之意义相近，成为相关同义词群。例如，Developing Country 与 Developed Country，属于对偶性概念，可以视为相关同义词。

同义词群的划分主要从词群当中术语的语义内涵、语义外延、语义范围及语义强度 4 个方面进行界定。语义内涵是指同义词群中术语所表述的概念属性，说明某个对象"是什么"；语义外延是指同义词群中术语所指的对象或所强调的内容不同，重点说明"哪些是"，在基本意义相同的前提下，同义词群中各个术语词义的侧重点有所区别；语义范围（Semantic Coverage）是指同义词群中一些术语词义范围比较广泛，而其他的术语只是这个术语词义范围的一个方面或用于特定的学科领域；语义强度（Semantic Intensity）是指有些同义词群中的术语在语义强度上存在着细微的差别，即一组同义词中各个术语所表示的词义轻重是不同的，也就是所具有的基本词义或概念在程度上有所不同。

同义词的判定可以采用词汇学中的"同形结合"法。设有待检验词语甲与乙，若想知它们的"对象是否同一"，选能与给定两词语"联结"的词"丙"，如果"甲＋丙"与"乙＋丙"指同样的事物，那么"甲"与"乙"同义。因此，在对术语建立同义词群的过程中，将术语的词根作为"联结"词进行同义关系传导，通过同一词根对术语进行归并，形成的集合称为同义词群，在同义词群中的术语之间视为同义关系，如图4.12 所示。

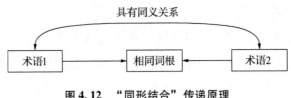

图 4.12　"同形结合"传递原理

采用以上"同形结合法"原理，可以通过词根这种语言表层形式对同义关系进行发现，初步形成候选的同义词群。然后，采用模糊归并模型对候选词群中的语义模糊性进行量化区分，对候选词群进行筛选、归并和优化，推荐出较为准确的同义词。

4.2 模糊归并模型：超越 0 和 1

在模糊数学中，通常采用模糊度来刻画某一概念的整体模糊程度，具体定义如下：若映射 d：F (U)→[0, 1] 满足条件

①当且仅当 A ∈ F (U) 时，d (A) =0；

②∀μ∈U，当且仅当 A (μ) ≡ $\frac{1}{2}$ 时，d (A) =1；

③∀μ∈U，当 B (μ)≤A (μ)≤ $\frac{1}{2}$ 时，d (B)≤d (A)；

④A ∈ F (U)，d (A) =d (A^c)。

称 d 为 F (U) 上的一个模糊度，d (A) 称为模糊集 A 的模糊度，此 4 个条件亦是模糊的 4 条公理。定义中条件①表明普通集是不模糊的；条件②和条件③表明，越靠近 0.5 就越模糊，尤其是当 A (u) ≡ 0.5 时，是最模糊的；条件④表明模糊集 A 与其补集 A^c 具有同等的模糊度。而在现实的分类问题中，考虑的不仅仅是模糊关系，更重要的是模糊关系的深浅程度。设 R 是 U×V 上的一个模糊子集，其隶属函数为 R：U×V→[0, 1]，(u, v)→R (u, v)，确定了 U 中的元素 u 与 V 中的元素 v 的关系程度，则称 R 为从 U 到 V 的一个模糊关系，记 U $\xrightarrow{R}$ V 可见，模糊关系 R 由隶属函数 R：U×V→[0, 1] 所刻画，即 U×V 上的模糊集确定了 U 到 V 的模糊关系[61]。

根据模糊隶属函数的概念定义，术语之间具有同义关系即为模糊关系，它的取值为单位区间 [0, 1]，也可称为同义词间的相关度，用 k 来表示。在同义词群中，若术语之间词义相同，并且符合词形变化规则，具有完全同义关系，则 k = (0.8, 1] 亦可视为绝对同义词群；若术语之间词义不完全相同，如在术语中常出现逗号、括号等特殊符号，具有同中有异的情况，其 k = (0.5, 0.8]，亦可称为部分同义词群；若术语之间具有共性语义成分，存在近义关系，其 k = (0, 0.5)，亦可称为相关同义词群；若术语之间完全没有同义关系，则 k =0。

模糊归并是在模糊环境下，应用模糊集合论方法对归并过程中所涉

及的多因素进行分析做出综合决策的方法模型，具体过程如下。

（1）确定影响因素和判断等级

设 $U = \{u_1, u_2, \cdots, u_m,\}$ 为判断对象的 m 种影响因素；$V = \{v_1, v_2, \cdots, v_n,\}$ 为每一影响因素所处的状态的 n 种判断；其中 m 为评价因素的个数，由人工制定的具体指标体系决定。

（2）构造判断矩阵和确定权重

首先对影响因素集中的单因素 $u_i(i = 1, 2, \cdots, m)$ 做单因素评判，从因素 u_i 着眼该对象对判断等级 $v_i(j = 1, 2, \cdots, n)$ 的相关度为 r_{ij}，即得出第 i 个因素 u_i 的单因素判断集：

$$r_i = (r_{i1}, r_{i2}, \cdots, r_{im}),\tag{4.6}$$

从而 m 个因素的判断集构造出总的评价矩阵 R，即每一个对象确定了从 U 到 V 的模糊关系 R：

$$R = (r_{ij})_{m \times n} = \begin{bmatrix} r_{11} & \cdots & r_{1n} \\ \vdots & \ddots & \vdots \\ r_{m1} & \cdots & r_{nm} \end{bmatrix},\tag{4.7}$$

式中，r_{ij} 表示从因素 u_i 着眼，该评判对象能被判断为 v_j 的相关度（$i = 1, 2, \cdots, m$；$j = 1, 2, \cdots, n$）；r_{ij} 具体表示为第 i 个因素 u_i 在第 j 个判断等级 v_j 上的频率分布。

权重用于度量因素对同义关系判断的影响程度。各个因素在"判断目标"中有不同的地位和作用，即权重。因此，引入 U 上一个模糊子集 $A = (a_1, a_2, \cdots a_m)$，即为权重，其中 $a_i \gg 0$ 且 $\sum a_i = 1$。对于权数可以采用数学的方法——层次分析法（Analytic Hierarchy Process，AHP）。层次分析法是指在处理复杂的决策问题时定性与定量相结合的一种方法，人们对每一层次中各因素的相对重要性给出的判断，并用权重进行表示。尽管该方法在人工处理过程中难免掺杂主观性，但是逻辑性相对完整，可以对确定权重进行量化处理，尽量排除主观成分，符合客观现实情况。

（3）模糊合成和做出等级判断

R 中不同的行反映了对象从不同的单因素判定各等级模糊子集的相关度。用模糊权向量 A 将不同的行进行综合，得到该被评对象对各等级模糊子集的隶属程度，引入 V 上的一个模糊子集 B，一般令 B = A * R（ * 为算子符号），称为模糊评价，又称为决策集，即 B = (b_1，b_2，…，b_n)，b_j 表示对象具有评语 v_j 的程度。

4.3　实例分析：将同义转化为量化权重

采用开源的英文词形处理工具对多个术语进行词形还原，根据生成的同义词根对术语进行归并，形成候选同义词群；然后，采用模糊归并模型对同义词群的模糊性进行多变量的量化和分类，形成相对完整、科学的度量与判断。

（1）词形还原处理

词形还原处理可以采用多个开源工具。国外已经开发了多个词形处理工具，如 CST′s Lemmatiser、NLTK、MorphAdorner、Stanford CoreNLP 等[62]，各词形还原工具其功能和用途各不相同，通过对比实验发现现有词形还原工具 Norm 工具能较好地解决英文叙词表词形规范问题，其准确率达到90.24%。

Specialist NLP Tools（自然语言处理专业工具）是由 The Lister Hill National Center for Biomedical Communications（李斯特山国家医学交流中心）为辅助词汇处理和进行文本分析而开发的一个开源工具，包含了多种处理自然语言的工具。其中 Norm 可以对词根进行还原处理。Norm 工具是基于 Java 环境运行，可以对词形规范化进行处理；它能忽略字母大小写、所有格标记及各种符号，并能对词形、拼写、词序的变化进行处理，返回词的多个原形，为进行同义关系归并提供更多的线索，此工具是开源工具，可以在 Specialist NLP Tools 官网中进行下载[63]。

（2）归并过程

在术语同义关系模糊归并中，多个术语指向同一个词根，以此为中介建立同义关系。下面，以术语 ZIRCONIA 与 ZIRCONIUM 为例，由人工根据概念的语义关系进行模糊归并分析。

①影响因素和判断等级的确定。通过对同义词模糊归并过程分析，得同义词模糊归并的影响因素，其层次结构示意图如图4.13所示。

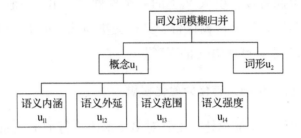

图 4.13　同义词模糊归并影响因素层次结构示意

因素集 U 分为两层：第一层为 U = {u₁，u₂}；第二层为 u_1 = {u₁₁，u₁₂，u₁₃，u₁₄}。根据相似系数 k 的取值范围，将同义关系强度粗略分为 4 个层级，V = {优 v₁，良 v₂，中 v₃，差 v₄}。相对应的 k 的取值范围：优 $v_1 \in (0.8，1]$，良 $v_2 \in (0.5，0.8]$，中 $v_3 \in (0.1，0.5]$，差 $v_4 \in [0，0.1]$。

②判断矩阵和权重的确定。各因素权重由多位专家（评价者）填写咨询表，再通过层次分析法分析得出权重值：A_1 = (0.59，0.18，0.16，0.07)；A = (0.75，0.25)。

分层进行单因素模糊评判，即单独从上述各个因素出发，对模糊归并进行评判，分别得到单因素评判集为：r_1 = (0.8，0.2，0，0，0)，r_2 = (0.7，0.2，0.1，0，0)，r_3 = (0.8，0.2，0，0，0)，r_4 = (0.8，0.1，0.1，0，0)；得到

$$R_1 = (r_{ij})_{4 \times 5} = \begin{bmatrix} r_1 \\ r_2 \\ r_3 \\ r_4 \end{bmatrix} = \begin{bmatrix} 0.8 & 0.2 & 0 & 0 & 0 \\ 0.7 & 0.2 & 0.1 & 0 & 0 \\ 0.8 & 0.2 & 0 & 0 & 0 \\ 0.8 & 0.1 & 0.1 & 0 & 0 \end{bmatrix}。 \quad (4.8)$$

③模糊合成和结果等级判断。由此可得 $B_1 = A_1 * R_1$ = (0.78，0.19，0.03，0，0)；$B_2 = R_2$ = (0.5，0.3，0.2，0，0)，则

$$B = A \times R = A \times \begin{bmatrix} B_1 \\ B_2 \end{bmatrix} = [0.75, 0.25] \times \begin{bmatrix} 0.78 & 0.19 & 0.03 & 0 & 0 \\ 0.5 & 0.3 & 0.2 & 0 & 0 \end{bmatrix}$$

$$= (0.725, 0.225, 0.05, 0, 0)。 \quad (4.9)$$

由此可知，术语 ZIRCONIA 与 ZIRCONIUM 的模糊归并结果 72.5% 隶属于评价等级优，即两者的相关关系在 (0.8，1]，即可判定术语 ZIRCONIA 与 ZIRCONIUM 为绝对同义词群，因此可以将术语 ZIRCONIA 与 ZIRCONIUM 进行概念归并。

术语除了是词、词组，还有一部分是缩略语，缩略语是指通过一定的方式，将原来结构较长、较繁的语词改成结构较为简略的形式而形成的语词；词形还原工具对于缩略语处理还存在不足，在归并过程中，缩略词可以通过同义词典等工具进行概念归并。

（3）归并测试结果

根据以上的模糊归并方法，利用统计原理，从语料库中抽取了 146 个工程技术叙词表，去重后，共有 373 287 个术语；其中一个词根对应 2 个及以上术语的共有 77 824（20.8%）个；295 463（79.2%）的术语与词根是一一对应关系，归并形式如图 4.14 所示。

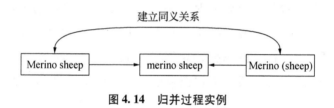

图 4.14　归并过程实例

其中，选取测试数据 2036 个，以同义词词典作为正确性参照，如果在同义词典中出现，则视为同义词。最终所统计数据的正确率如表 4.6 所示。

表 4.6　同义归并正确率范围分布

K（相关关系）	K>0：相关同义	K≥0.5：部分同义	K≥0.8：绝对同义
P（正确率）	99.7%	93.5%	88.3%

由此可以得出，相关关系 K≥0.8 的正确率是 88.3%，因此可以采用词形模糊归并的方法对叙词表中的部分术语进行概念归并。

同义词模糊归并可以辅助用于知识组织工具的构建。本小节建立了基于词形还原的模糊归并模型，帮助用户对词形相同的术语进行同义关系归并；然后，利用工程技术叙词表中的术语进行模型验证。实验证明，基于词形模糊归并方法可以发现术语同义关系，辅助进行概念归并。本方法的优点在于不用依靠专业词典，简单易行，能够以量化的指标对模糊的同义关系进行判定。同时，本方法也有一定的局限性，如只能对相似形态进行处理，无法处理异形同义词。在知识组织构建过程中，可以作为同义词处理的辅助手段，为编制人员提供参考。

4.4　小结

同义关系本质上是对同一概念的指称。同一个概念可以通过词或词组进行符号化，形成一组意义相同或相近的集合。从词汇学的角度来说，术语作为一种约定俗成的语言符号系统，具有"能指"和"所指"两个方面，人们可以通过特定的符号形式对概念进行指称和交流。语言符号和概念之间存在着某种重要的对应关系，这就为计算机通过术语的形态变化自动进行同义关系发现提供了重要依据。英文术语存在着较为丰富的语言形态变化，通过词形处理获得术语原形并进行归并，有助于发现术语之间隐含的同义关系，为知识组织系统的构建提供必要的支持。

5　中文术语同义关系计算：给术语照照镜子

前已述及，术语同义关系是知识组织工具的基本语义类型之一，它从概念角度对术语的语义进行判定，既包括严格意义上的等义词，也包括语义关系较为紧密的近义词。通过构建同义关系，对术语名称进行概念归并，有利于提高知识组织工具的适用性和用户友好性，实现不同知识组织工具之间的互操作，对于词表映射、语义检索和百科知识服务等具体应用具有重要意义。面对学科众多、数量庞大、增长迅速的术语数据资源，单纯依靠专家手工建立同义关系不仅成本高昂，而且周期较长、效率较低，术语同义关系的自动发现和推荐已经成为知识组织领域急需加强研究的重要课题。以英汉对齐术语词典为知识库，研究术语语义的等值推导方法，进而推荐出可信度较高的候选同义词，是本节的主要研究内容。

以双语对齐术语词典为知识库，对计算结果进行量化操作，是进行同义关系计算可行的方法。术语词典、百科辞书、作者关键词等文献中收录了大量的中英文对照术语，中文术语与英文翻译较为整齐地建立对应关系，这些双语对齐的术语知识具有知识含量高、专业性强、词汇量大、更新速度快等优点，为术语计算提供了可靠的、海量的知识库，有助于克服知识资源稀缺的问题；同时，通过语义传导、排序和优化，形成可量化的推荐结果，提高了术语计算的可靠性。

5.1 镜像翻译技术：看看镜子里的中文术语

信息论的观点认为，语言作为人类交际的工具，所负载的信息传递过程是：从信源出发，将信息进行适当的编码和加工，然后经过信道的中间变换和传输，将信息最大可能传递到信宿的过程；信息经过编码、传递、解码3个基本阶段，完整、足量、准确传递到接收者；语法、语义和语用是语言符号的3个基本层面，共同保障信息的有效传递。其基本过程是：

信源──→编码──→传递──→解码──→信宿

英—汉翻译是信息等值转换的传递过程，本质上是对同一概念的语言符号转换，即同义等值转换过程，也适用于计算机自动发现同义关系。思路是：用户作为信源，希望找到某个概念，并将这个概念以语言符号的形式（术语）进行表达，完成编码过程，提交给计算机；计算机通过对该术语按照规则进行适当的符号变换、语义搜索和传导，在术语数据集中发现潜在的同义概念；然后，对这些潜在同义概念进行优化处理，确定最优的候选结果，并给出规范的术语符号形式，即完成解码过程，提交给用户进行使用；最终由用户对推荐结果进行接收和确认。在这个过程中，计算机完成信息的等值转换过程，并对计算结果进行优化排序；用户则是信息的发出者，也是信息的接收评判者，通过人机之间的交互和反馈，直至获得满意的结果。

术语词典中的英汉对齐是一种简单直观的知识表示方式，为进行同义关系的传递提供了可靠和足量的知识资源。在英汉对齐术语词典中，中文术语 A 对应英文翻译集合 E，集合 E 中包含一个或多个英文词汇（元素）；同时，以英文翻译集合 E 的元素作为中介符号，可以得到具有对应关系的中文术语翻译集合 X，（A－E）或（E－X）中的元素构成一个有效词对（Word Pairs），表示对相同或相关概念的指称。这种具有翻译关系的词对是对同义关系的真实刻画，构成了同义关系计算的知识表示基础。

推导是同义关系计算的核心操作。具体操作为：为了获得术语的同义词，首先将中文术语作为入口，在英汉术语词典中获得其对应的英文翻译，再根据英文翻译词汇检索其对应的中文词，完成第一次扩展，这样就获得了该术语的基本候选同义词。然后，对候选同义关系的中文词汇再次扩展，检索出其对应的英文翻译，再根据英文翻译检索其对应的中文词，完成第二次扩展，这样就可以获得数量更多的同义词（简称"扩展候选同义词集"）。最后，根据候选同义词出现的频率确定候选同义词的权重，按照权重从高到低排序，作为最终的推荐结果。同时，为了解决由于部分术语词典收词不全导致术语推导受限的问题，可以采用回溯机制，即如果在英汉双语词典中无法找到对应的词语，则把汉语术语按照从左到右的顺序，依次减少一个汉字，将剩余部分作为一个相关术语进行循环匹配操作，这样可以部分消除由于数据稀疏造成的精度误差，将较为相关的术语推荐出来。具体流程如图 4.15 所示。

5.2　同义关系推导过程：符号变换的"魔术"

从当前待检索的中文术语出发，经过两次扩展推荐变换，形成了以中文术语为树根、以候选同义词为叶子节点的树形拓扑结构。该树的层次最深为 5 级，采用广度优先遍历法，从上到下逐层推导，最终将推导结果进行合并，选择权值较高的术语作为候选同义词。

图 4.16 中，T 代表用户输入的中文术语，E1、E2、E3 为中文术语 T 所对应的 3 个英文翻译。T1.1、T1.2、T1.3 为 E1 所对应的 3 个中文翻

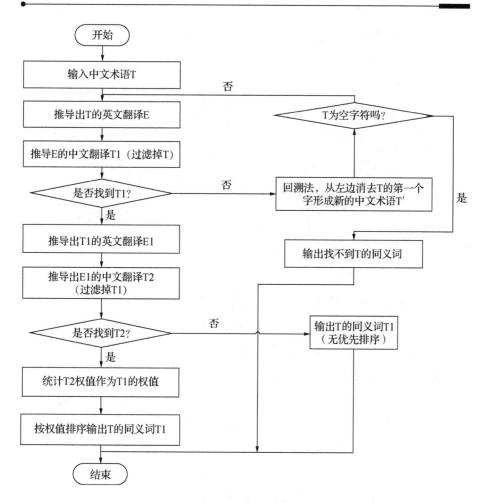

图 4.15　镜像推导算法流程

译词汇，T2.1、T2.2 为 E2 对应的 2 个中文翻译词汇，是一对多的关系；T3.1 为 E3 对应的 1 个中文翻译词汇，是一对一的关系。树中的每一个节点的子节点均为直接父节点对应的翻译。

　　"第一次推导"后得到中文词汇 T 的同义词 {T1.1，T1.2，T1.3，T2.1，T2.2，T3.1}，作为基本同义词集；"第二次推导"则是在多部英汉翻译词典中进行扩展查询，得到每个翻译词在所有词典中的翻译情况，并按照词对的翻译频率从高到低排序，将翻译词对的出现频率作为"打分评价"的过程，即对树中除根节点以外的各个分支的中文术语按照频

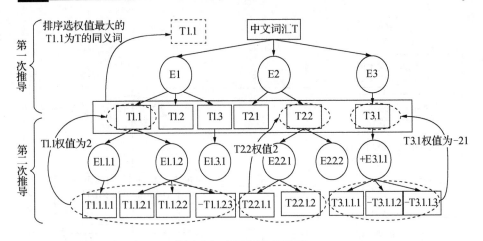

图 4.16　识别同义词示意

率排序和加权，权值较高的术语优先作为术语 T 的推荐同义词。

例如，对于术语"定义"，在英汉词典中的英文翻译为"define"和"definition"，通过第一次推导可以将"define"和"definition"所对应的中文作为候选同义词，如"规定""确定""分辨""分辨力""清晰度""清晰度（分辨力）"等，完成"第一次推导"操作。为了在候选同义词中确定和"定义"的相似度关系，需要对"第一次推导"后找到的中文候选术语进行"第二次推导"，即进一步在所有术语库中查找各个中文基本候选同义词的英文词，再对其英文词检索到其对应的中文词，并统计中文词的出现频率，按照频率高低进行排序，将高频的术语优先作为同义词推荐。

5.3　实验结果：简单的方法，可用的结果

为了测试该方法的有效性，本小节从《英汉电信词典》等 4 本正式出版的英汉对照术语词典中选取了通信、计算机、自动化领域的 206 104 个英汉对照术语为语料，形成英汉对齐的语料库；然后，选取 240 个电信专业中文术语，通过本小节的同义词推导模型从对齐语料库中获取候选同义词，并对候选同义词进行加权处理，按权值从高到低选择权值最高的前 3 个术语作为推荐同义词，共获得 563 个候选同义词，平均每个

术语可以获得 2.34 个候选同义词，如表 4.7 所示。

表 4.7　同义术语推荐实例

	待检索术语	系统推荐同义术语	相关术语（按权值降序排列）	备注
1	结算当局识别码	结账机构识别码		只推荐 1 个同义词
2	差错控制系统	准确度控制系统	精度控制系统	推荐 2 个同义词
3	密级数据	秘密数据	分类数据、保密资料	推荐 3 个同义词
4	参考	引用	涉及、基准、参考文献、引得、参阅、坐标、参照/依据、提交、关系、查阅、咨询、转移参考、转荐、谈及、引证、指点、指引、商量、索引、基准串音耦合、考虑、访问、标记	一个同义词、多个相关词

推荐术语的准确性要从学科领域出发，考虑概念的确切含义，根据术语在工具书中的定义、英文翻译并辅以专业人员的经验知识进行判断。系统推荐的多个候选术语之间往往存在语义模糊、边界不清晰等情况，需要根据专家知识和应用领域来进行判定，数据统计结果具有一定的主观性。本实验主要从叙词表编制的角度出发，依据叙词表中的词间关系类型将推荐结果分为 3 种类型：表示相同概念、适于作为叙词表用代关系的"同义术语"；表示相关概念、适于叙词表参照关系的"强相关术语"；没有语义关联、不适合进行推荐的"错误推荐术语"。实验结果表明，同义术语、强相关术语词条所占的比重分别为 66.78% 和 26.11%，能够较好地满足叙词表编制的需要（表 4.8）。

表4.8 术语同义关系识别准确率

识别方法	同义术语词条数	强相关术语词条数	错误推荐词条数
"两次推导"方法	376	147	40
所占比例	66.78%	26.11%	7.11%

实验表明，该方法对于典型的术语处理效果较好，如"访问控制""访问点"等意义比较明确的单义术语，识别效果较好，可以明确地进行区分和推荐；对于歧义较多、意义宽泛的准术语，如"调节""管理""交流"等召回结果较多，需要通过加权模型进行优化排序，并根据学科领域进行判定。对于英汉词典中没有收录的新术语、陌生术语等，该方法可以通过回溯机制，推荐出语义上有一定相关性的术语，根据权值进行排序，并作为相关词语进行推荐。错误识别的同义术语大多数是因为加载的基础词典收词缺漏，导致未能找到对应的术语；或者排序不够合理，导致正确的同义词出现"下沉"。总体而言，该实验证明，以英汉术语词典为知识库、基于翻译关系进行同义词推荐，算法简单、易于操作，准确率相对较高，对于叙词表等知识组织工具的编制具有一定的应用价值，是一种可行的、有效的同义词计算方法。

5.4 小结

在网络信息环境下，以权威性和准确性较强的英汉对齐术语词典为知识库，对翻译词对采用等值推导的方法进行同义关系的识别，能够适用于不同语种的术语同义词计算，弥补传统上字面相似度、共现统计等方法的不足，在处理专业性较强的术语同义关系方面有较好的应用价值，初步证实了该方法的有效性。除了以中英文对照术语词典为基础语料，以文献中的中英文关键词作为基础资源，进一步扩大术语的学科覆盖面，将有利于提高对同义关系的召回率，为本方法的实用化提供了良好的数据基础。术语具有明显的学科特征，进一步加强术语数据库的建设和知识描述的深度，并通过术语的学科类别进行词义消歧，减少词义歧义造成的干扰，以提高多义术语计算的准确性，是今后需要继续研究的课题。

6 术语知识单元抽取方法：找到知识的"基因"

6.1 术语知识单元：以有限应对无限

面对纷繁复杂的语义与知识计算问题，人们往往倾向于使用有限的基本单元，描述和控制无限的、复杂的知识内容，达到"以有限控无限"的目的。知识单元反映并决定了术语所蕴含的知识内容，有助于揭示不同事物间隐含而必然的联系。尽管学术界对"知识单元"的理解和定义还不够统一，出现了诸如知识元、知识因子、知识基因、知识点、知识项等诸多名称，但基本达成了对知识内容进行细粒度的组织和处理，以简驭繁，进而实现从文献服务转向知识服务这一共识。研究知识单元的计算方法、实现对知识的自动化、精细化处理成为当前亟须解决的问题之一[64-65]。

知识单元往往蕴含在特定的上下文语境中，通过对上文句子的句法 – 语义进行自动分析，可以把连续的线性文本转换成离散的、半结构化的语言单位，然后对每个语言单位赋予语义角色，为知识单元的自动抽取提供较为清晰的线索，帮助计算机实现一定程度的"理解"，将有利于知识单元的精准抽取，并为术语之间的关系计算提供可行依据和参考。定义是术语的重要组成部分，用于对事物的本质特征或概念内涵进行确切而简要的表述，知识描述准确、句法结构规范，为知识单元的抽取提供了可靠的上下文语境。本节以句法 – 语义分析理论基础，对术语定义句进行依存句法和语义分析，制定知识单元抽取规则，探讨术语知识单元自动抽取的新方法，对术语知识进行深度的揭示和描述。

6.2 知识单元抽取算法：在句子的大视野里找知识单元

术语知识单元的自动抽取主要分为 3 个阶段：术语语料预处理、术语释义句的句法 – 语义剖析、术语知识单元的自动抽取。

（1）术语语料预处理

预处理是以句子为单位，对术语的释义进行抽取，获得包含术语释义的文本集。为了提高后续处理的精度，选用国家标准或术语词典中的术语释义句，并删除图表、附图等与句法信息不相关的特殊文本，得到结构较为完整、释义准确的句子。术语词典、百科等数字资源中对术语的释义通常较为准确，是进行知识单元抽取的理想语料。

（2）术语释义句的句法－语义剖析

首先，对术语释义句进行分词、词性标注等初步处理，为进行依存句法－语义分析提供基础[66-67]。目前，中文分词工具性能较高，准确率大多在 90% 以上，基本达到了实用化水平。其次，对句子进行依存句法分析，构建句子的依存句法结构树，形成结构较为清晰的句法分析树，对各个成分之间的依存关系进行较为明确的揭示。最后，对依存句法分析的句子成分进行浅层的语义分析，即进行语义角色标注，为各个成分赋予明确的语义标签。本步骤采用哈尔滨工业大学提供的开源工具依存句法分析器 LTP 作为工具，对句子进行初步的处理，获得句子的基本线索。

（3）术语知识单元的自动抽取

知识单元分布在句法语义分析树上，为进行知识单元抽取提供了较为明确的标签。通过对依存句法树的遍历和语义约束，设定抽取规则，可以抽取出具有特定含义的知识单元。这也是实现知识单元抽取的关键阶段。

句法－语义分析的结果以 XML 格式存储，较好地保存了语法结构与语义角色之间的对应关系。依存句法标注通过父节点和依存关系类型表示，语义角色标注为与句子成分相对应的语义角色标签，依存树的叶子节点与父节点构成了修饰关系；粗颗粒度的知识单元表现为父节点，而细粒度的知识单元则要深入叶子节点。因此，术语知识单元抽取规则是：首先查找语义角色节点，其次通过父节点标注，查找与语义角色节点相连接的依存节点，并对依存节点进行排序输出，如图 4.17 所示。

知识单元的抽取基本流程是：首先，输入带有句法语义标注的术语释义句 XML 语料；其次，根据语义角色标注，抽取处于核心位置的语义角色节点，优先作为术语知识单元，如 HED 谓语动词、A0 施事、A1 受事；再次，根据依存关系节点标注，抽取依存关系节点作为术语修饰知识单元，主要查找以语义角色节点为父节点的子节点信息，子节点即为语义角色的修饰成分，直到该节点不作为父节点出现为止，并对节点排序；最后，句子的所有节点迭代查找，直至结束。由此，获得了句子的每个成分作为知识单元的候选集，并进行排序。

为了优化知识单元结果，需要根据知识单元的重要程度进行加权处理。基本思想是：知识单元分为角色知识单元和修饰知识单元，分别进行词频统计；角色知识单元的权重设置较高，用于揭示术语的基本知识内

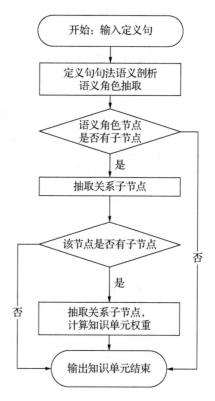

图 4.17 术语知识单元抽取流程

涵；修饰知识单元权重设置较低，用于术语的区别特征。例如，"设备"一词在角色知识单元中多次出现，词自身权重为 1，由于其出现频率较高，则在此基础上增加 2 个权重，这样就将该知识单元的重要性与一般知识单元有所区分。

6.3 知识单元抽取实验：构建更细粒度的"知识基因库"

最后，将术语知识单元以规范化的形式输出并存入知识库，形成以术语为中心、以知识单元为特征节点的知识拓扑结构。知识单元抽取结果最终存储到术语知识库，为进行术语语义计算提供知识支撑。

6.3.1 实验数据

实验过程中，本小节从计算机、通信领域的术语词典中选取了 100

条常用的科技术语，主要涉及"计算机技术""互联网""通信技术""科技产品"4个学科类别；然后，从百科词典、行业标准或者术语词典中为每个术语配备对应的释义，作为句法－语义分析的测试语料，具体实例如表4.9所示。

表4.9　术语释义句实例

术语名称	释义句例句
键盘	键盘是可以将英文字母、数字、标点符号等输入到计算机的主要输入设备
Java	Java是一种可以撰写跨平台应用软件的面向对象的程序设计语言
扫描仪	扫描仪是一种计算机外部仪器设备，通过捕获图像并将之转换成计算机可以显示、编辑、存储和输出的数字化输入设备

然后，进行术语释义信息的知识单元分析，实验中对术语文本句法分析、语义分析处理采用了哈尔滨工业大学的语言技术平台LTP（Language Technology Platform，网址：http：//www.ltp-cloud.com/demo/）。由于系统语义分析还不是十分成熟，本阶段对依存句法和语义角色结果进行了人工校验，包括对自动分词结果进行纠正，如"C语言"应该是一个整体概念、不应切分；对依存树中的动词依存关系进行调整，如"程序设计"中的"设计"应作为名词性成分，不作为依存对象。经过处理，形成正确可靠的句法和语义分析树，并确定术语释义句中的语义成分和关系类型，最终以XML存储格式，如图4.18所示。

然后，采用本小节制定的加权规则对句法－语义分析结果进行抽取，根据语义角色标注抽取出表示高层概念的粗粒度知识单元和表示详尽特征的细粒度知识单元，结果如表4.10所示。

表4.10　术语释义句知识单元抽取结果

术语名称	粗粒度知识单元	细粒度知识单元
键盘	设备	英文字母数字标点符号输入计算机
Java	语言	撰写跨平台应用软件对象程序设计
扫描仪	工具	形式图像信息输入计算机

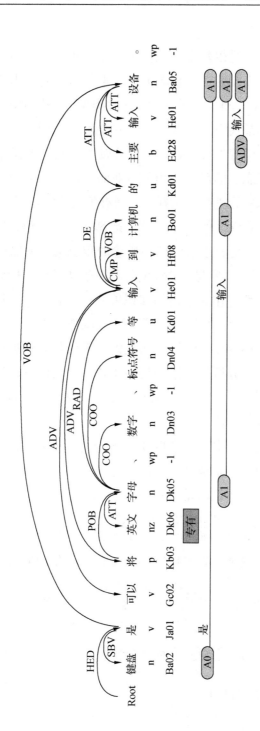

图 4.18 句法 - 语义分析树示例

6.3.2 实验结果分析

抽取知识单元的目的是以较细的颗粒度揭示知识属性。为了测试本方法的效果和性能，首先制定了知识单元的抽取规范，将知识单元分为"核心概念""一般属性"和"无关属性"3 种类型。"核心概念"重点对术语所表达的概念本质特征进行揭示；"一般属性"侧重于对术语的用途、组成、数量、外延等进行描述；"无关属性"则主要是术语的语言知识，不涉及术语概念。然后，由相关专业的人员对术语释义句中的角色词和修饰词等知识单元进行人工判断，遇有争议的则查阅资料解决，尽量降低人工判断的主观性。例如，对于"键盘"这一术语，首先"设备""输入""计算机"是表达术语核心概念的角色词，可以反映"键盘"的本质特征；"英文""字母""数字"等是表达术语一般属性的修饰词，角色词和修饰词都将作为术语的知识单元；将表示句子结构、与概念意义无关的"一种""可以""主要"等作为非知识单元。

然后，系统根据本小节提供的算法和规则对术语释义句进行词语切分、词性标注、句法语义分析等，根据句法树和语义角色自动抽取出知识单元，共 1045 个；然后，将抽取结果与人工筛选结果进行对比，与人工抽取结果一致的有 872 个。

在上述数据的基础上，本小节选取 3 个评价指标：准确率、召回率和 F 值，对术语知识单元的抽取结果加以量化评测。

准确率为抽取的正确知识单元与抽取出的知识单元的比值，即

$$Precision = \frac{正确抽取的知识单元个数}{测试数据中抽取出的知识单元总数}; \qquad (4.10)$$

召回率为抽取的正确知识单元与实际相关的知识单元的比值，即

$$Recall = \frac{正确抽取的知识单元个数}{测试数据中实际相关的知识单元总数}; \qquad (4.11)$$

F 值为

$$F = \frac{2 * Precision * Recall}{Precision + Recall}。 \qquad (4.12)$$

各项测试数据如表 4.11 所示。

表 4.11 释义知识单元抽取结果准确率

指标	计算机技术	互联网	通信技术	科技产品	合计
准确率 P	88.32%	80.77%	77.22%	73.71%	83.44%
召回率 R	59.33%	54.54%	56.22%	59.17%	58.37%
F 值	70.98%	64.11%	65.07%	65.64%	68.69%

表 4.11 中的实验结果表明，知识单元抽取结果在"计算机""互联网"等相关学科领域的各个评测结果准确率较为接近；总体测试的准确率均达到 83.44%、F 值为 68.69%，该方法实验效果较为理想。特别是对于能够揭示术语本质特征的高层核心概念（角色词），本方法抽取准确率相对较高，依存句法和语义分析起到了较好的支撑作用。

6.3.3 术语知识单元库构建

知识单元抽取结果可以用于术语知识库构建。因此，在此基础上构建了基于知识单元的术语知识库，主要由 3 个数据实体组成：术语释义表、术语角色知识单元表与术语修饰知识单元表。有了这个术语知识库，就可以通过不同术语之间知识单元的匹配进行术语关系计算，如表 4.12 所示。

表 4.12 术语知识库数据属性

表名	属性 1	属性 2	属性 3	属性 4
TERM	Term_id	Term	Category	Scopenote
ROLE	Role_id	predicate	Arg0	Arg1
MODIFIER	Modifier_id	Modifier-A0	Modifier-A1	

其中，TERM 表中，"Term_id"表示术语编号，"Term"表示术语名称，"Category"表示术语类别，"Scopenote"存储术语释义句；ROLE 表中，"Role_id"表示角色编号，"Arg0"表示施事角色，"Arg1"表示受事角色；MODIFIER 表中，"Modifier-A0"存储施事角色修饰成分，"Modifier-A1"存储受事角色修饰成分。

为了构建更细颗粒度的术语知识库，在术语释义抽取结果的基础上进行了词频分类统计，主要分为角色释义词词频统计与修饰释义词词频统计。结合实际情况，可以对高词频释义词增加其在术语释义计算中的权重，分别对角色释义词和修饰释义词进行了词频统计。

　　术语知识单元权重设置思想：主要对高频释义词进行加权处理，由于核心角色词在释义句中承担比较重要的角色，因此设置权重较高，修饰释义词设置较低的权重。例如，"设备"一词在角色知识单元中多次出现，词本身权重为1，若为高频词，则在此基础上增加权重，如图4.19所示。

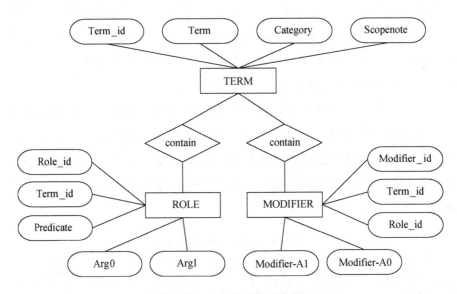

图4.19　知识单元关系存储

6.4　知识多维度聚合：知识的关联不是偶然的

　　利用社会网络分析方法有助于以可视化方法展示基于知识单元的术语之间的关系。Ucinet软件内部集成了可视化工具netdraw，通过数学分析和可视化图像展示术语知识单元的网络特性，便于对术语知识单元共现网络进行可视化分析。本小节采用非二值矩阵，直接采用术语知识单元共现次数矩阵进行数据分析。图中每个节点表示学科术语，其连线次数的多寡表示与术语发生关系的其他术语的多少。中心度反映的是某个术语与其他术语出现的相同知识单元的个数，揭示节点的网络特性。中心度节点常常位于网络的中心位置，对整个网络的影响大，表示该词语是学科中最重要的、核心概念知识单元；中心度低的节点处于网络的边缘地带，成为知识网络中的附属节点。

图 4.20 反映了术语之间的关联程度，如"C 语言""Java"和"汇编语言"形成了紧密的网络互连关系，表明这些术语包含较多相似的术语知识单元；"射频识别""传感器"和"无线局域网"构成的局部关系网络则说明这些术语的学科范畴更为接近。由此可见，知识元成为术语知识的"基因"，对于术语的语义计算、范畴归并、知识融合、知识图谱构造等有重要参考作用。

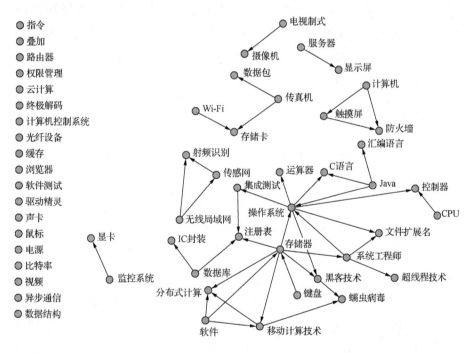

图 4.20　术语知识单元社会网络分析

知识往往是对客观世界的多维度描述。在哲学上来说，"描述知识的根本重要性是，它能够使我们超越个人经验的局限"[68]。"多维度"是指任何一个客观对象（如科技概念知识），从不同的维度上看，具有不一样的属性集合和相关关系集合。例如，能源领域的科学家，对概念词汇"煤炭"，更关注煤炭的开采、加工、燃烧等相关的属性；经济学家更多关注煤炭的价格、市场方面的经济属性；而环境科学家则更多关注煤炭在生产和燃烧过程中产生的二氧化硫气体对环境的污染及治理。事实上，传统的知识协同构建过程中，往往通过专家审定的方式，来试图消除不同构建者的主观差异。这种最终由专家审定的结果，无论多么精细，也往往只是代表了某一个特定维度和层次的观察结果，可能舍弃了部分实际上具有价值的知识，造成了一定的损耗，不仅在构建时，大量在某个维度上或特定语境中更为有效的知识被无意中忽略；同时，各种不同维度的知识交叉混合在一起，影响了知识组织的准确性和客观性。网络环境下，通过知识单元抽取、知识链接等方式可以较好地解决该问题，知识关联的致密性、关联性将有更大提高。基于知识单元的抽取和聚合方法，从一定程度上弥补了上述缺憾，为知识的精细组织提供了有力的支撑。

6.5　小结

术语与知识工程密不可分。术语作为知识的载体，从微观层面表征了知识的"基因"，因此，通过对术语的挖掘和描述，构建细粒度的、动态更新的术语知识库，有助于实现知识的动态聚合，进而以可视化、个性化的方式为用户提供知识服务。本节尝试从知识单元出发，构建细颗粒度的知识单位和网状拓扑结构，通过概念关系网络实现语义融合，形成多维度的知识描述结构，丰富术语库的知识属性；基于自然语言处理技术和真实语料库，自动发现知识单元及其关联，实现知识动态聚合。

知识组织的本质是知识的语义化关联。采用知识单元抽取技术建立知识之间的网状拓扑机构，主要有两个优势：一是采用自然语言处理技术从真实文本中自动抽取和更新知识单元，能够以更细的细粒度内容反映知识的真实内容，实现动态的更新和管理；二是采用网状的拓扑结构，知识之间的关联性更为紧密，并以可视化的知识地图方式进行了直观的展示，为进行知识的自动发现、推理和计算提供了良好的知识基础。

第五章 术语示范服务与应用：
欲穷千里目，更上一层楼

本章导读

术语库与知识组织工具具有多种用途，本章主要以下面 4 个领域为例，开展示范应用。

● 以叙词表等知识组织工具为基础的术语库，如何为用户开展服务？其体系结构、主要功能有哪些？

● 作为人机两用的知识库，在辅助标引方面有哪些应用？

● 与术语词典数字出版相结合，如何将相关成果用于术语知识的生产？

● 如何从术语出发将各类知识进行融合，以提高科技辅助决策实际应用？

1 术语服务：让知识睡手可得

1.1 术语服务基本架构：九尺之台，起于垒土

术语服务是网络环境下专业领域术语知识的集成服务，需要在统一的基本架构下实现各类术语资源的有效整合。本节采用层次化的结构模型，将术语数据、服务机制和应用三者有机结合，自底向上归纳为"数据层—管理层—应用层"，各个层级分别与知识组织领域的术语资源、管理模式和服务领域紧密对接，形成交互式、规范化的术语服务体系结构模型，既便于对现有的术语知识进行深层描述和语义互操作，发挥知

识组织工具自身所特有的语义关系严密、知识描述规范等优势，同时又兼顾了知识的动态更新和应用推广，有助于将术语知识及时准确地传递给用户。在该框架模型中，在数据层构建术语服务底层语义描述、集成转换和元数据集成框架，将叙词表、分类表、术语库、用户标签、术语列表等各类术语资源以概念为中心进行映射（Mapping），进而基于SKOS规范进行统一描述和转换，形成可供利用的术语资源；在管理层主要进行术语管理和用户服务，对术语服务核心功能和流程进行优化；在应用层将术语服务系统与开放式网络环境相互结合，实现术语共享、术语检索、知识学习等多种服务功能。层次化结构模型是为了将知识组织领域的逻辑体系与术语服务体系相互统一，实现与现有知识组织工具的紧密对接，便于把知识组织领域的术语数据、管理模式和应用融为一体。可以说，知识组织是"本"，术语服务是"用"，层次化的结构模型将知识组织与术语服务的关系更为清晰地进行了构建，如图5.1所示。

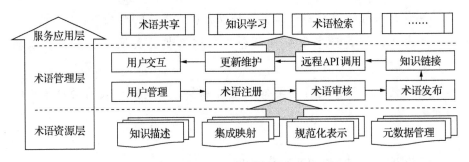

图5.1 基于知识组织的术语检索服务体系模型示意

1.1.1 术语资源层：术语知识表示

术语是术语服务系统的基本单元。以叙词表、分类表、术语表、规范文档等各类术语资源为基础，对术语知识深度揭示、集成映射和规范化表示进行研究，有助于为术语服务提供可靠的基础资源。

术语为各类知识组织工具进行知识描述提供了基础。以叙词表为例，叙词表中的知识既包括语言学知识，如汉语拼音、英文、词形、词性、同义关系等，提供规范化的术语词汇。同时，也包括概念和概念关系的构建，其中概念是对术语本身固有属性的揭示，如范畴、专业属性、领域特征等；概念关系则体现为叙词同其他词语之间的语义关系，既包括"属、分、参、族"等叙词表中明确出现的显式关系，也包括通过推理获取的隐式语义关系，如概念与实例、概念与知识元、概念链接推理等。详见本书第二章。

1.1.2 术语管理层：术语管理机制

术语服务需要借助网络信息环境的变化，形成多样化、可扩展的服务模式，为用户提供服务接口，扩大使用范围。知识组织研究领域近年来在用户交互、可视化、嵌入式服务等方面的成果，可以直接推动术语服务管理机制的完善。

（1）以用户为中心的交互机制

术语服务用户群体复杂、数量庞大、需求各异，因此必须综合考虑用户的使用习惯、认知能力、用户动机等各种因素，将术语进行有序化的组织，为用户提供准确的知识内容。

①用户交互机制。Web 2.0 技术为构建交互式的术语服务提供了有力的技术支撑，用户可以将术语进行共享、下载，形成互助合作的多向合作模式。例如，维基网络百科中将普通用户词汇进行广泛收集和严格审核，领域专家与普通用户协同工作，取得了很好的效果。

用户标签是用户意图的重要体现，通过"用户检索词—标签—叙词表"的自动映射，把叙词表的规范性与用户检索词的灵活性有机地结合起来，为用户使用自然语言检索提供便利。例如，用户在标注网络信息时，术语服务系统可以对用户标注的词语进行自动化的术语推荐和扩展，帮助用户选择规范术语，提高信息的有序性。又如，在社会化标注系统中，对用户和资源分别聚类形成社区，再进行标签之间的相似性计算，能够提高术语服务系统的查全率和推荐的多样性。借助用户标签统计、本体语义关联、共现计算等方法，提高术语之间的语义内聚性，为用户选词提供更多参考。

②术语知识的自主创建与开放获取。术语服务平台的主要优势是开放性，用户可以随时随地创建、访问和使用术语资源，通过 API 嵌入调用、数据下载、术语注册等方法，形成交互式的术语服务合作模式。通

过用户日志挖掘和分析，形成针对特定用户的个性化术语推荐机制，优先将规范术语、热点术语及与用户专业密切相关的术语进行择优推荐。对于用户自主提供的术语，要建立专家审核机制，对术语的规范性和知识内容进行审定，并逐步添加到术语平台中。

（2）术语知识链接

知识链接是从语义的角度对各类知识进行关联，有助于从宏观层面打破知识之间的隔阂。术语服务作为一个大规模的信息集合体，需要从资源链接、知识组织工具链接、语义知识链接等维度进行全局的知识组织，形成具有不同颗粒度的层次型知识组织方式。

叙词表是网状拓扑结构的知识集，成为各类知识有序链接的中心枢纽。用户可以通过检索词语之间的关系和释义，学习专业知识、进行术语翻译等；同时，叙词表可以作为机器可读的知识库，用于知识的挖掘与计算。特别是在网络环境下，以知识链接为依托，将各类知识体系进行融合和关联，进而以术语为切入点将各种介质和不同颗粒度的知识进行聚类和关联，有助于消除"信息孤岛"。既可以将术语与文献资源进行实时关联，为用户提供即时的知识背景，也可以采用知识挖掘技术，在术语知识内部形成网状的知识拓扑结构，便于用户在知识点之间的链接和跳转，提高知识的关联性。

1.1.3　服务应用层：术语应用接口

术语服务系统作为一种应用程序，可以为用户和计算机提供访问入口。对于一般用户来说，可以检索、浏览术语知识内容，服务于术语翻译、专业知识学习等领域；对于计算机来说，可以将术语服务系统中的资源作为知识库，为信息标引、检索、聚类、自动翻译等技术研究提供知识支撑。总体来说，术语服务具有如下2种典型应用接口方式。

（1）可视化人机交互

信息可视化将各类信息以视觉形式进行展示，帮助用户对知识加以把握，降低认知难度。有助于发现不易察觉的隐性知识。例如，以术语为节点、以词间关系为边进行可视化，构造知识地图，可以直观地将各类术语微观的语义关系进行导航，提高术语服务的友好性。

（2）嵌入式服务调用

网络环境下，借助 API 嵌入式技术可以将术语服务集成到现有系统中，形成适应不同应用平台、服务协议的开放应用程序接口。例如，在编目工作中，用户可以查阅主题词、分类号等，选择适用的知识体系；在翻译过程中，术语服务可以作为在线词典，提高术语翻译的准确性。

1.2　术语服务模块设计与实现：咫尺屏幕，大千世界

1.2.1　术语服务模块结构设计

基于术语服务的基本体系架构，将术语服务系统进行模块化设计，将各类术语资源进行逻辑划分，有助于形成术语服务系统的总体流程。从知识服务的角度，术语服务系统主要包括词库管理、术语检索、用户交互及知识推送 4 个基本模块，如图 5.2 所示。

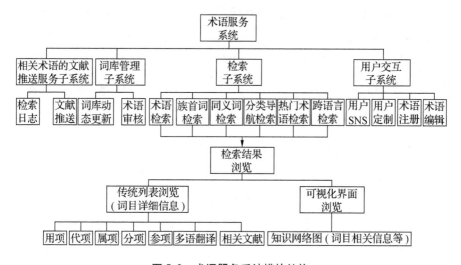

图 5.2　术语服务系统模块结构

术语服务系统的 4 个模块是紧密相关的。词库管理子系统对术语采用统一格式进行存储，允许用户对术语进行动态更新和审核；用户交互子系统允许用户进行术语注册、编辑、定制等各种操作，基于社会化网络服务 SNS 提供的用户交互功能，允许用户对术语服务系统进行调用和评价；知识推送模块满足用户的个性化知识需求，将各类知识资源进行

有序的链接、整合和服务；检索子系统可以对叙词表及映射后的术语资源进行多种形式的操作，如同义词检索、跨语言检索、术语推荐等，帮助用户快速发现所需要的术语，并采用多种方式进行展示。

术语服务需要制定相应的组织规则与技术标准，保证术语知识内容和整体架构的一致性和规范性。例如，审核机制将专家审核与用户的自主使用相互结合，保证知识内容的准确性和组织结构的一致性；交互机制为用户提供必要的权限，发挥用户的潜在创造力；可视化技术能够以视觉的形式降低人们对复杂事物的认知难度，提高用户友好性等。这些技术的应用，有助于提高术语服务系统的自动化水平。

1.2.2 术语服务系统的实现

基于层次化术语服务体系模型和模块结构设计，本小节以我国编制的《汉语主题词表》等多部叙词表为术语资源，初步实现了术语服务的原型化系统。首先，将术语进行适度的规范化处理，采用统一的元数据进行描述，对词间关系、范畴等进行结构化存储，作为术语服务的基本资源；其次，通过检索子系统，对术语进行多个维度的精确检索或模糊检索，如对词族、同义关系、范畴等逻辑关系进行检索和聚合，如图5.3所示。

图5.3 术语服务系统的语义聚合和检索

对于检索结果，系统能够以知识图谱的方式直观地揭示概念之间的内在关联，对用代关系、属分关系和参照关系进行可视化展示。同时，实现了与文献的动态链接，按照主题和语义关系对文献知识内容进行动态推送，如图5.4所示。

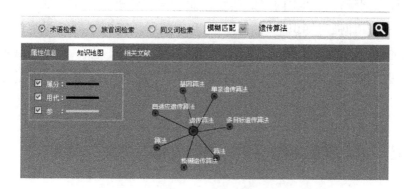

图 5.4　术语服务系统概念关系的可视化

　　术语服务系统的核心任务是将各类词表资源进行有机融合，形成逻辑体系严密的知识系统，为用户进行各类知识的学习、组织、管理提供统一的框架。由于各个词表的结构存在一定差异，容易导致概念之间逻辑关系的偏差，如属分关系和参照关系时常有交叉现象，这就需要对逻辑关系进行预先映射或者融合；对于某些常用术语，如"车辆"包括了上千个分项，词间关系较为庞杂，对可视化展示会造成一定的干扰。这些问题还需要进一步的研究解决。

1.3　小结

　　知识组织科学对于实现术语服务具有重要作用。知识组织工具具有术语准确规范、词间关系丰富的优势，有助于推动各类术语知识的集成、融合与共享；知识组织在用户交互、可视化、嵌入式服务等方面的基本架构较为成熟，有利于丰富和完善术语服务的基本机制和技术手段，推进各类知识资源的语义链接与更新维护；知识组织工具相对完备、规范，用户需求明确，有利于将各类术语在规范、统一、开放的基本架构下进行社会化、网络化服务，提升知识服务的深度和效度。

　　术语服务系统是图书情报学界提供知识服务的重要窗口，一方面可以对词汇、概念进行展示，及时反映科学知识的动态变化，为用户提供权威、可靠的知识导航服务；另一方面，术语服务系统以术语为切入点，重点加强细颗粒度知识内容的揭示，如根据主题进行文献推送、知识单元服务等。加强对知识组织工具的融合、映射，实现不同知识组织工具之间的语义互操作，同时，借助术语计算、知识工程等相关领域的技术手段，提高术语知识建设的自动化水平，是今后要重点研究的主要任务。

2   基于词汇链的辅助标引：编织美丽的语义"项链"

汉语文本中的句子常常围绕特定主题展开论述，这些围绕某个主题在语义上相互关联的词语集合，称为词汇链（Lexical Chain），反映了词的集聚性（Lexical Cohesion）[69]。通过构造词汇链，有助于从多个维度获取文本结构和主题信息，对计算机自动文摘、主题标引、信息检索等有重要作用[70]。

词汇链的本质是词义链，反映了概念之间的关联。词汇链构造过程可以转换为对词义的相关性计算问题，将分布在文本中不同位置的相关词汇串接成链[71]。目前研究主要是借助于现有的机器可读语义词典，如知网、同义词词林、WordNet 等知识资源，通过计算词语之间的同义、上下位等语义关系，使语义上关联紧密的词语能够聚集成链，这种方法从词语语义出发，依赖于现有知识资源的质量和完备性，是当前词汇链构造的主流方法。不过，现有的知识资源通常用自然语言解释词义，虽然描述比较精确，但是义项描述比较复杂，缺少完善的语义单元和组合模式，形式化程度不够高，计算机难以从字面上计算词义之间的关联，只有把这种任意性转变为语义关联性，才具有较强的可计算性。此外，采用统计模型和大规模语料库，采用机器学习方法获得词语之间的语义关联，也是构造词汇链的一种方法，运行效率和自动化程度较高，但是，词汇链构造所涉及的深层语义问题在语料库中分布稀疏现象严重，单纯依靠统计获得语义仍存在不少困难。

本节基于概念层次网络理论（Hierarchical Network of Concepts，HNC）提出的语义网络及词义描述方法[72]，重点研究汉语文本中的词汇链构造方法，将词汇链的构造分为文本分词与词义获取、词义解析、词汇链生成及优化 3 个阶段，通过语义网络节点中的组合规则把握概念之间的微观语义关系，生成词汇链，最后讨论了词汇链在文献主题标引领域的应用价值。

2.1 语义网络与词义计算方法：语义地图上的"舞蹈"

2.1.1 语义网络与词义描述

词汇语义的描述是语义计算的基础，也是构造词汇链的前提。HNC 理论建立的语义网络具有概念化、基元化、层次化、网络化的特点，可以应用于词义描述和词汇链构造。词义描述表达式为：

$$\text{WordSense} = \sum \{\text{类别符号串}\} \{\text{层次符号串}\} \{\text{组合结构符号}\}$$
$$\{\text{类别符号串}\} \{\text{层次符号串}\}$$

例如，"经济"有 2 个 HNC 符号，代表不同的义项："ga2"表示静态概念、经济活动，其中 g 表示属性、a2 表示经济活动领域，对应于"经济学上指社会物质生产和再生产的活动"这一义项；而"gua12"则表示一种静态概念、专业活动，其中 gu 表示静态效应，a12 则反映出其领域为"政治治理与管理"，该词语的释义可以还原为"治理国家"这一义项。HNC 符号中的每个组成单元都来自于语义网络，具有确定的含义，词义的模糊性在 HNC 符号中变为确定性，这为词义描述和词义的可计算性提供了良好的语义基础。

2.1.2 词义计算方法

词义计算是构造词汇链的基本操作。通过比较符号串中相同或相似数字串，可以将具有相同或相近内涵的词汇进行聚集并构造词汇链。词义计算方法描述如下。

①对于一个连续文本，先切分词语，$L = \{W_1, W_2, W_3, \cdots, W_n\}$。

②对于 L 中的任意两个词语 W_1 和 W_2，每个词语可能包含多个义项，词语与义项形成一对多的关系；每个义项则采用语义网络中的符号进行描述，义项与 HNC 符号构成一一对应关系。例如，词语 W_1 有 m 个义项，词语 W_2 有 n 个义项，其对应关系表示为：

$$S_1 = \{S_{11}, S_{12}, S_{13}, \cdots, S_{1m}\} = \{\{HNC(S_{11})\}, \{HNC(S_{12})\}, \{HNC(S_{13})\},$$
$$\cdots, \{HNC(S_{1m})\}\}; \tag{5.1}$$

$$S_2 = \{S_{21}, S_{22}, S_{23}, \cdots, S_{2n}\} = \{\{HNC(S_{21})\}, \{HNC(S_{22})\}, \{HNC(S_{23})\},$$
$$\cdots, \{HNC(S_{2n})\}\}。 \tag{5.2}$$

词语 W_1 与 W_2 之间的相关度可通过计算集合 S_1 和集合 S_2 中词语义项对应的 HNC 符号获得。

③词义计算以当前词语的某个 HNC 符号（记为 x）与另一个词语的 HNC 符号（记为 y）的重合度为依据，符号中相同部分越多，说明两个词语的相关性越高。即

$$Relevance(W_1, W_2) = \sum_1^m HNC(S_1 x) \cap \sum_1^m HNC(S_2 y)。 \tag{5.3}$$

由于 HNC 符号揭示了词语所对应的特定语义并进行了形式化，因此两个词语的相关性具备了量化计算的基础。也就是说，如果相关性取值等于 1，则说明两个词语为同义词；取值为 0，则说明两个词语没有关联；取值大于 0 且小于 1，说明两个词语为相关词。即

$$Relevance(S_i, S_j)) = \begin{cases} = 1 & 同义词 \\ \in (0,1) & 相关词。 \\ = 0 & 无关词 \end{cases} \tag{5.4}$$

计算机通过对 HNC 符号的解析，可以获得词语语义的相关程度，这就使词义计算在一个可组合、可计算的语义网络中进行，把词语的语义计算转换为对语义网络符号空间的遍历操作，为词汇链构造提供了一个简明有效的手段。

2.2　词汇链构造算法：寻找文本中的蛛丝马迹

词义描述和词义计算为词汇链构造创造了条件。词汇链构造包括 3 个阶段：文本分词与词义获取、词义计算、词汇链生成与优化。基本流程如图 5.5 所示。

2.2.1　文本分词与词义获取

首先，利用中国科学院计算所开发的 ICTCLAS 分词工具，对文本进

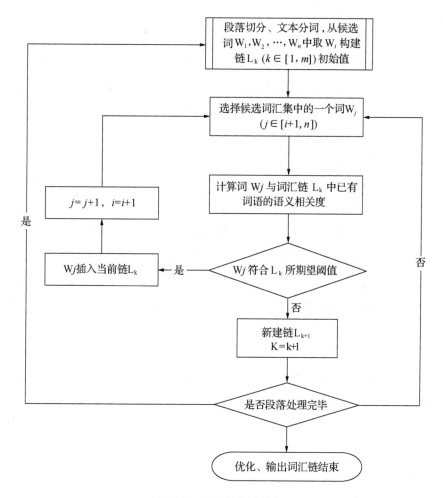

图 5.5　词汇链构造流程

行自动分词，作为构造词汇链的初始值。由于词汇是概念的载体，分词的精度将在很大程度上影响词汇链的准确性。其次，将分词结果与 HNC 词表匹配，为每个词语指派对应的候选 HNC 符号，即该词语对应的义项。有些词语具有多个义项，则把该词语全部义项所对应的 HNC 符号都赋给该词语，作为构造词汇链的候选项。

2.2.2　词义解析

HNC 符号解析是构造词汇链的关键，为此必须设计 HNC 符号解析器，准确还原出词义。

（1）单一概念的解析

词汇链是词汇之间的语义线索，词汇的词性是概念的外在表现，可以不参与比较；语言中的一些虚词性成分，与概念关联较弱，因此也可以不参与比较。词义解析将围绕概念内涵即 HNC 符号中的数字层面进行操作，从左到右依次进行匹配操作，高层概念优先。

（2）复合概念的解析

复合概念通常由单一概念进行组合而成，构成一个语义更精细的概念，组合符号（#，$，｜，／，＋等）主要表现两个单一概念之间的复合关系。复合概念中的每个单一概念都是词汇链的激活点，只要具有一定的相关性，就具备进入词汇链的可能性。对复合概念词语应进行分解计算，将概念组合符号"／"";""（ ）""＋""｜""#""！"等都过滤掉，直接以组合符号两侧的概念符号作为比较对象。以表示展开的"＋"为例，

包庇 v93219 + j86e22，

其中，v93219 为"保护"，是该词语的核心意义，而 j86e22 为"消极"，是该词语的修辞意义，解析结果应该将词语的核心意义和修辞意义都还原出来，作为构造词汇链的激活点。

词汇链构造着眼于计算概念的关联性，这种关联性的强弱是有区别的。通过对层次符号的相似程度进行量化计算，为词汇链生成提供阈值，阈值越高，则词汇链的内聚程度越高，呈强相关关系；阈值越低，说明词汇链的关系耦合度越高，为弱相关关系。例如，

北京市 fpj2 * 101/fpwj2 * x1；

人民币 fgwc248 + fpj2 * 101。

其相关性表现在"人民币"在北京市这个范围内流通，属于弱相关关系。

2.2.3 词汇链生成与优化

构造词汇链主要依据词语之间的语义相关度。以第一个词语作为初始词汇链，将后续词语的 HNC 符号与该词语的 HNC 符号进行相关性计

算，如果相关，则插入该初始词汇链，并循环取出后续词语执行此操作；如果不相关，则递归调用词汇链构建函数，建立新的词汇链。依次类推，直到遍历到文本中的所有词语。构造词汇链的伪代码算法如下：

L_K = ( ) //链初始化

$W = (W_1, W_2, W_3, \cdots, W_n)$ //词语切分,并赋予 HNC 符号

L_K = W_1;//把当前的第一个词语作为词汇链的初始值,k 为词汇链序号

Void LexicalChainBuilding(L_K)

{

Count = 1; //count //用于计算链长,记录词汇链中的词语个数

SimilaryCompare(word[i], word[j]); //根据 HNC 符号计算词义相关程度

For(int j = 2; j < = n; j + +)

{

    For(int i = 1; i < j − 1; i + +)

    {

        if(SimilaryCompare (word[i], word[j]) > 0 and SimilaryCompare (word[i], word[j]) < = 1) //如果两个词语语义相关性符合指定的阈值

           L_K [+ + Count] = word[j]; //插入到当前链

        Else //如果词语完全不相关,则递归建立一个新链 L_{K+1}

           LexicalChainBuilding(L_{K+1});

    }

}

For(int pos = 0; pos < K; pos + +) //对所有词汇链进行过滤、优化

    {

        if($L_{[pos]}$. length < 3) // 如果一个词汇链条中的词汇数量少于3 个

        Delete($L_{[pos]}$); //则删除该词汇链。

    }

}

    词汇链生成结果需要优化。同一文本可能会包含多个词汇链，反映

了文本的多个语义线索和主题，可以通过链长对词汇链进行优化。链长是指词汇链中词语的数目，反映了文本的连贯性，链长越长，则越有可能成为文本的主题。按照链长从大到小进行排序，优先选择较长的链，这样可以为词语提供关联性更强的线索；链长低于 3 的则予以排除或合并，避免词汇链过多、过杂。

2.3　实验分析：找出最耀眼的那颗星

构造词汇链的目的是为了获取文本的主题和线索。一个词可以属于不同的词汇链，分属不同的主题；同一个段落中可能会有多个词汇链，分属不同的主题，主次分明，这些词汇链共同反映了文章的主题。以如下语料片段为例。

9 月 10 日，由中关村软件园、中国电子学会云计算专家委员会、CSDN 合办的高端云计算课程在中关村软件园举办。在会上，中国电子学会云计算专家委员会副主任委员、中国工程院院士倪光南认为：云计算是中国 IT 的蓝海，包括云计算的"前台"和"后台"，中国 IT 企业都有广阔的发展空间。发展云计算特别是自主可控的各种公有云和私有云，有助于实现可靠、低成本信息化，并符合节能减排、绿色 IT 的要求。

采用本节提出的词汇链构造算法进行上机实验，相关性系数设置为 0.2，从该语料中生成的词汇链一共有 8 条，链条最长为 8，这些词汇链主要从会议主办者及主办方式、会议议题、会议内容等角度较为全面地反映了文本的主题和线索，如表 5.1 所示。

表 5.1　词汇链构造结果示例

序号	词汇链	链长
1	IT→电子学→合办→举办→后台→前台→中关村→自主	8
2	后台→举办→空间→前台→软件→中关村	6
3	包括→广阔→计算→空间	4
4	前台→软件→实现→要求	4
5	计算→节能→要求	3

续表

序号	词汇链	链长
6	举办→前台→中关村	3
7	企业→前台→软件	3
8	中关村→中国→中国工程院	3

为了测试词汇链计算效果，作者选取 100 篇 IT 新闻语料中的段落作为测试语料，测试词汇链与语料主题的相关程度。首先，由机器根据不同相关系数生成词汇链，由 3 名测试员根据词汇链据此预测语料的主题。其次，测试员阅读语料并归纳主题，根据词汇链与文本主题的吻合程度，按照可接受程度分为 3 个等级，如果词汇链能够覆盖 70% 以上的文本主题，记为良好，表明词汇链基本反映了文本主题；如果能够涵盖 40% 以上的主题则记为一般，可以粗略理解文本内容；低于 40% 则为较差。测试结果如图 5.6 所示。

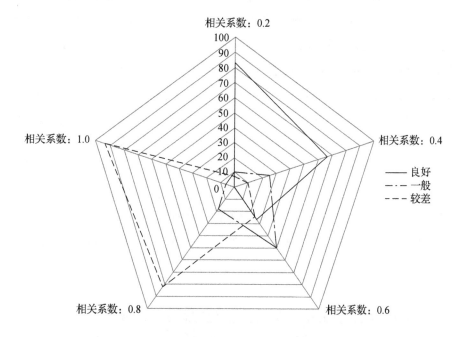

图 5.6　语义相关系数设置及词汇链可接受程度示意

词汇链对主题的覆盖率取决于对"相关性系数"的设定。系数越低，给出的词汇链数目越多，可能涵盖的主题也就越全面。根据测试结果，相关系数设置在 0.2～0.4 时，词汇链的数目和主题覆盖率较为均衡，所构造出的词汇链可以较好地揭示文本主题。

2.4　小结

词汇链构造可以归结为语义的相关性计算，通过语义网络对词义进行描述，由计算机对词义符号 HNC 进行解析，以量化计算的方式获得词义的相关程度，并对词汇链进行优化，把握文本主题。实验结果表明，以语义网络为基础的词汇链构造方法是有效的。

研究词汇链构造方法对于文献主题标引具有重要意义，具有良好的应用前景。词汇链将句子中一系列语义相关的主题串接起来，起到提纲挈领的作用，有助于把握文本的主题结构。例如，以《汉语主题词表》等现有知识组织工具作为知识资源，将主题词采用统一的语义网络进行描述，从微观上对语义的颗粒度进行细化，并进行形式化转换，这样就可以通过语义网络计算词汇之间的相关性，进而采用本节提出的方法构造专业文献中的词汇链。在此基础上，优先将词汇链条中的词汇作为关键词推荐给人工进行标引，有利于提高文献主题标引的速度和准确性。

提高词汇链的关联强度是下一步研究的重点。例如，具有相同主题的词汇链需要进行有效合并或者优化，减少词汇链的数目，提高词汇链的主题覆盖面和跨领域适应能力；同时，词汇链构造需要对句子的深层句法语义结构进行分析，对于句子中的成分省略、指代等隐性知识进行还原，这样才能使链条更为丰满而致密。此外，词汇链构造还受到中文分词技术、词义消歧和知识库规模的限制，吸收这些领域的研究进展，也有利于提高词汇链的可用性。

3　术语词典辅助出版：为出版插上腾飞的翅膀

术语词典是面向专业领域提供知识服务的重要工具。我国每年出版数百种涵盖各个学科的专业术语词典，为人们提供便利的知识和专业学习服务，取得了很大成效。同时，也应该看到，现有术语词典的编纂还存在一些问题需要改进。例如，术语词典的知识内容大多较为简略，主要围绕词语、英文翻译等内容，对于深层知识的组织和描述需要提高；术语词典的编纂自动化程度偏低，不少术语词典的编纂仍然沿用传统的手工方式，术语搜集、整理、分类、排版、校对流程主要由人工完成，缺乏必要的自动化辅助工具，这些简单重复的手工劳动极易出错而且效率低下，导致术语词典编纂滞后于科技的发展和语言事实的变化，且难以实现资源共享[73]。如何从知识组织的角度对术语知识进行深度描述，进而设计半自动化的术语词典编纂系统，提高术语知识生产的效率，是当前术语词典研究领域的重要课题，无疑具有十分重要的意义。

从本质上来说，术语词典编纂是进行知识生产的关键环节，是词典学、术语学、图书情报学、计算语言学等多个学科的前沿交叉领域。术语词典编纂系统的设计首先要以知识组织为依据，准确揭示术语背后的各类知识，形成统一、规范的知识表示框架，这需要词典学、术语学和知识组织理论的相关成果。其次，术语词典实现半自动化编纂、提高知识生产的效率，需要积极吸收计算语言学在语料库建设、新词发现、术语计算等方面的成果。最后，术语词典编纂带有浓厚的知识工程特征，需要以工程管理的观点实现知识的共建共享、交互式协同与动态更新等。

本节首先对术语的知识表示框架进行描述，突出知识组织的内聚性和关联性。然后，对术语词典辅助编纂系统的功能模块进行设计，借助知识组织科学、计算术语学、计算词典学的成果，研究术语词典编纂自动化的相关技术，并对术语词典编纂中的相关机制进行讨论。

术语词典编纂系统的设计要以知识组织为依托，形成较为规范的、半自动化的知识生产流程。术语词典是提供专业知识服务的工具，需要对术语所指称的客观事物或知识内容进行深度揭示。因此，术语词典编纂要求编者不但要有语言知识，更重要的是要有专业知识。术语词典注重的是术语的概念，且以语词来表达这些概念，一般按照主题顺序排序。术语的概念范畴、范畴成员之间的关系是术语词典研究的一个重点。术语词典编纂以术语学和词典学为基础理论，应用知识组织、计算语言学的基本方法和技术，经过词汇收集、术语规范、知识描述、知识链接等，形成人机两用的知识资源。

术语词典编纂的研究在国内外学术界得到了广泛的关注，在理论研究和具体实践方面取得了丰富的成果。西方国家已有大量术语词典出版并热销，如《美国国防部军语及相关术语词典》（U. S. Department of Defense Military Language and Related Terminology Dictionary）、《牛津法律术语小辞典》（The Oxford Legal Jargon Small Dictionary）、《简明牛津文学术语词典》（The Concise Oxford Dictionary of Literary Terms）等。我国自20世纪90年代至今研究并发布了多个术语词典编纂的相关规范，已出版了《膜技术术语字典》《涂料术语词典》《新编美国军事术语词典》《英汉法律缩略语词典》等，且研制了一些词典辅助编纂工具。例如，商务印书馆与南京大学联合开发的"CONULEXID 词典编纂系统"、上海交通大学的陆汝占等开发的"汉语词典编纂一体化环境"、山西大学开发的"基于语料库的汉语辞书编纂辅助系统"、广东外语外贸大学词典学研究中心开发的"基于微观数据结构的双语词典生成系统"（简称 DICT-Generator 系统）等，这些系统主要用于语文词典的辅助编纂，一定程度上实现了编纂的半自动化，对于术语词典的编纂也有较大的启发意义[74]。不过总体而言，术语词典的知识组织架构、编纂流程和相关技术有特殊之处，需要进行深入研究。

3.1　术语词典知识组织结构：纲举目张，各入其位

术语词典的知识范围较宽，具有较强的学科专业性特征。不同专业的术语词典由于应用领域、编制思路、技术手段不同，其知识描述方式也有较大的差异，如以翻译为目的的中英文对照术语词典、以领域知识描述为主要用途的单语言术语详解词典等。归纳已经出版的术语词典可以发现，术语词典最重要的结构元素是词目词及其释义，围绕词目可以扩展到其他相关知识属性。术语词典知识组织结构模型如图5.7所示。

本模型将术语知识进行了结构化处理。词典由词条构成，词条是词

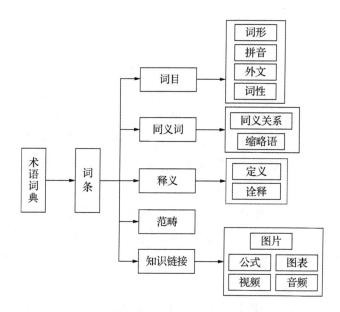

图 5.7　术语词典知识组织结构模型

典的基本单位。术语知识可以分为 5 部分：词目、同义词、释义、范畴和知识链接。

（1）词目

词目的选择必须覆盖术语词典的学科知识体系，选词立目要受词典的性质、规模、预定的服务对象等多种因素制约，考虑收词的均衡性和使用频度，提供准确、规范的专业术语。同时，术语词典中的词目具有语言学属性，往往表现为词、词组（可以为固定搭配或自由搭配）或字符（例如，O 代表氧、A-72 代表 72 号汽油）。词目是知识概念的载体，用于表示特定的专业概念。词目一般选择术语的规范名称，对于部分容易引起歧义的术语可以通过注释进行处理。为了便于使用术语，往往还需要加注外语翻译（英语、日语、俄语、拉丁语等多个语种）。对于部分罕用的术语词目，必要时需要注明拼音。

（2）同义词

同义词是指向同一概念的多个术语的统称，在术语词典中用"亦称""又称""又名""亦译""旧译"等来标注。一般术语词典将缩略语也视为其同义词。同义词为用户进行知识学习提供了更多的参考信息。

（3）释义

释义是术语词典的核心内容之一，用于对术语知识进行深度的揭示和描述，如对其形状、构成、成分、特性、用途等进行详细解释。释义主要是描述性的，通过下定义、举例子、画图表等方式，对术语的内涵和外延进行描述，帮助用户了解术语的知识内容。对于不便用语言描述的定义，可以通过图片、表格等进行诠释，帮助用户掌握术语知识。

（4）范畴

综合性的专业词典中标注该术语所属的具体专业分类。例如，对于"层次分析法"这个术语，在运筹学、语言学中都有出现，但意义差别很大，可以通过术语的范畴加以区分，消除歧义。

（5）知识链接

在电子词典和网络词典中，术语之间的相互链接更为便利，可以将具有相关性的各类知识点进行有效的关联，帮助用户进行知识发现和查阅，如图片、图表、公式、音频、视频等可以用更专业、更形象的方式进一步揭示术语知识。在网络环境下，术语链接具有更强的动态性特征，基于语义实现跨领域、跨介质的知识关联。

采用上述术语知识描述结构，可以形成人机两用的知识资源。它将传统的非结构化的文本信息转换为以词条为核心的树形结构，清晰显示数据结构各个部分的关系，为术语词典的描述提供了一个相对统一的模型，这就为术语知识的共享和术语词典辅助编纂系统的研制提供了相对稳定的框架。例如，《膜技术术语词典》的词条"镍–铁蓄电池"：

镍–铁蓄电池 Nickel-iron Accu-mulator；Edison Accumulator 又称爱迪生蓄电池。碱性蓄电池的一种。负极为铁，正极活性物质为氧化高镍，以金属镍为导电材料，30% 氢氧化钾水溶液为电解质。电池中反应为：

$$Fe + Ni_2O_3 + 3H_2O \Longrightarrow Fe(OH)_2 + 2Ni(OH)_3$$

工作电压约为1.3V；实际能量密度10～20 W.h/kg。广泛应用于汽车、电车和实验室等方面和启动、牵引动力。

转换为树形结构表示，如图 5.8 所示。

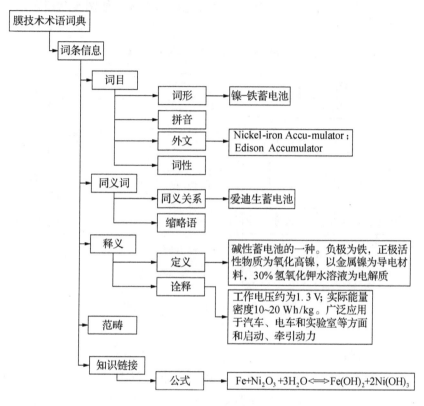

图 5.8　术语词条树形结构示意

3.2　系统总体设计：无纸化的数字出版

术语词典辅助编纂系统是进行词典编纂的技术平台，包含了术语收集、审核发布、更新维护等传统功能，实现无纸化的数字出版，提高术语词典的质量可控性。借助网络环境下的海量文献资源和计算机自动处理技术，实现术语的半自动挖掘、推荐和更新，有利于缩短词典编纂周期、降低词典编纂成本、降低专家工作强度。同时，采用用户交互机制，将专家的主导作用与普通用户的广泛参与相结合，实现在线、实时的知识互动，将知识生产过程从封闭式的、少数精英模式扩展到开放式的、普通大众模式，有利于增强词典的用户体验，形成良性的互动编制模式。

系统以流程管理为主导，以语料挖掘与术语计算、用户协同与交互为支撑，主要包括词条采集、词条编审、词典生成、词典更新、语料管理、语料挖掘、工作管理、用户协同与交互模块等，如图5.9所示。

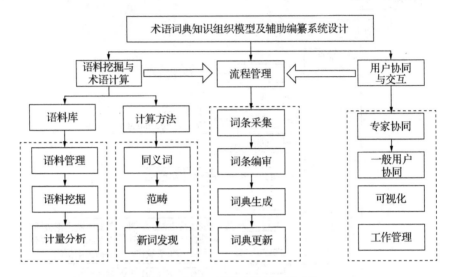

图5.9　术语词典辅助编纂系统功能

（1）流程管理

包括词条采集、词条编审（一审、二审、三审）、词典生成和词典更新4个模块。系统中涉及词条采集人员和各级编审人员、学科专家，可以根据权限进行控制。词条采集主要是录入词条的所有信息，包括词形确定、范畴、拼音、外文、释义等，在词条提交到一审之前，采集人员具有对词条添加、删除、修改的权限。词条编审包括一审、二审、三审，此3个级别是循环迭代的过程，本层次审核不合格的词条可返回上一级修改，也可在本层自行修改，但是三审（三审人员具有专家级别）后的数据不允许任意修改，作为最终信息存入术语词典数据库中作为词典脚本，经过人工校验合格后则可自动生成术语词典批量出版。

（2）语料挖掘与术语计算

语料库是以一定的标准存放真实存在的语言材料，采用专业文献数据库、学术网站等为基础制作语料库，为术语词典编纂提供资源。语料管理指对语料库中的语篇文本、例证数据、声音数据、图形文件等进行系统管理，对语料文件导入、转换、入库、导出、浏览、查询、编辑及备份存储、更新。由于在术语词典数据库中的正文均以句子为记录单位，语料管理还可以对原始数据进行词频统计，为词目的确立提供可量化的数据基础。

语料是术语词典编纂的重要依据。例如，采用机器学习方法，从语料库中自动发现新词，为编纂人员推荐新的术语语词；以可视化的手段监测术语的流通度，通过统计词频及语词的生命周期，推荐规范的术语语词作为词典立目参考，以图形方式（纵轴为频率，横轴为使用生命周期）的形式显示出；利用计算同义词模块自动识别同义词，供人工参考选取合适的同义词。语料库为术语词典的选词提供了真实的、可量化的知识资源。

（3）用户协同与交互

术语词典编纂是一项复杂的知识工程，需要众多的专业人员参与。Web2.0技术为实现用户之间的交互和协同工作提供了便利条件。用户（专家用户或一般用户）可以为术语词典补充新概念、新术语，或纠正词典中的问题术语信息，经由编审人员审核后及时修改。用户协同与交互模块为用户提供了开放的平台，将大众智慧融入词典知识的生产过程中。

3.3　小结

术语词典编纂需要较为通用的知识组织模型，为词典编纂系统的设计提供框架。进而，将知识组织研究中的用户交互、动态更新、术语计算等理念引入词典编纂过程中，设计具有半自动化功能的术语词典辅助编纂系统。这种设计将流程管理、术语计算、用户交互等进行适度的融合，有助于提高术语词典编纂的质量和效率。将现有的专业文献数据库作为粗语料库，方便编纂人员进行词汇选择、量化分析和知识抽取，提高出版工作效率。将词典数据按照知识组织的语义结构进行多维链接，形成文本、声音、图像、视频等多媒体表现形式，帮助用户理解不同概念之间的关系，提高知识学习效率。

4　专家推荐：用数据说话，用数据决策

大数据环境下，以科技项目、成果、专家等为代表的科技数据发挥着不可或缺的作用，广泛应用在辅助科技决策、热点前沿识别、评审专家推荐等方面。从知识组织理论来看，对各类异构的术语知识进行有序化组织和语义关联，构建人机两用的知识库，支撑机器自动处理和挖掘，是进行"自动推荐"这一工作的关键。

4.1　自动推荐技术：发现偶然中的必然

科技大数据已经初见成效。以科技大数据为基础，将科研项目、专家、成果、大型仪器、科技文献等科研创新要素进行有机整合，可以为科技管理者、科研人员、社会公众等各类用户开展专家推荐、项目检索、统计分析等辅助决策服务。因此，基于术语知识库和知识组织工具，快速、准确地对人员、机构、概念这 3 类知识进行组织、关联和服务，并应用于国家科技管理信息系统"专家推荐"等应用，在这方面也做了一些尝试。

（1）用户标注数据与分类体系的语义映射

基于大规模文献，构建作者、关键词、机构与分类信息的统一描述框架，将上述 3 类信息进行相互关联，进行精细化描述和归并。采用术语分类与映射方法，对文献分类与用户自主标引信息进行集成与互通，实现中图分类号和作者关键词的对应关系现象与原理，按照术语与作者一对一、一对多、多对多 3 种类型的关系建立相互关联，采用 RDF 格式对机构库、概念库和科技人员库进行标识，基于网络拓扑结构形成具有一定推理能力的专题知识库。

（2）术语知识库的自动构建与映射

以术语知识库和知识组织工具为基础，可以有效找到"小同行"专家。借助知识组织工具的语义关系，如范畴、同义词、上下位词等，可以将专家的研究方向映射到知识组织工具，并进行适度的推理。同时，

采用共现计算技术，在大规模科技文献中进行快速计算，形成关键词共现网络，提高知识网络的关联度。然后，对复杂网络进行社群划分，形成多层次、多维度的知识关联，按照关联强度计算专家的学术关联性，如图 5.10 所示。

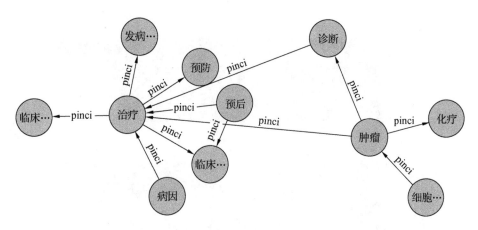

图 5.10　共现知识图谱构建：以"肿瘤学"为例

（3）海量网状结构知识库的构建及优化

采用网状结构的图数据库结构与检索技术，如 neo 4j 图数据库，实现对真实场景下百万级节点的快速处理，基于复杂网络环境下知识内容的可视化方法，对类别与主题进行可视化分析，形成用户认知习惯的知识表示形式。对跨网络的知识节点进行关联和映射，形成智能化的知识精准推荐。

4.2　专家推荐应用：找到更权威的"小同行"专家

以"肿瘤"领域为例，将概念、专家和机构进行深度聚合，实现跨层次的知识关联和发现。例如，用户搜索关键词"肿瘤"，然后推荐与搜索词相关的文献、专家和机构等信息。同理，可以通过其他维度将知识进行有机关联，并结合国家科技管理信息系统的特定需求，支持项目个性化推送、专家回避、项目关联性检查等应用，如图 5.11 所示。

图 5.11 所示的方法具有两个优点。

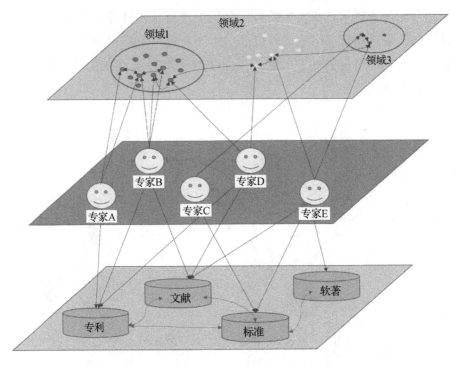

图5.11　跨层次的知识组织与映射计算框架

（1）动态构建、精准服务

以用户自主标注的海量数据为基础，借助数据挖掘技术，能够快速有效地从现有数据中自动挖掘知识内容，形成具有较强动态性的知识图谱，解决传统知识组织工具单纯依靠专家智慧造成的更新慢、成本高等问题，有效支撑大数据环境下的科技知识服务。

（2）多层关联，有效整合

实现人员、机构、主题3个层面的跨网络构建，较好地解决传统上知识图谱不同、层次网络之间语义关联不足的问题，提高知识网络的致密性。

以万方文献库中"肿瘤学"领域核心期刊为数据源，各类用户自主标注数据进行组织和聚合，以"专家推荐"为例，包括以下步骤。

①从文献库中，以《中国图书资料分类法》中"肿瘤学"类别的文献元数据进行抽取，文献类型包括期刊论文、会议论文、学位论文、科

技报告、专利等；元数据字段包括文献标题、作者、机构、关键词、分类号、引文、h指数、来源等。统计＜作者，关键词词频＞，将关键词词频在10以上的专家作为候选专家；统计＜关键词，引用次数＞，将引用次数在10以上的关键词所对应的候选专家作为候选专家，生成＜候选专家，关键词＞数据表。同时，通过文献作者、机构共现计算，获取候选专家相关的合作者、任职机构，形成＜候选专家，合作者＞＜作者，所在机构＞关系表，为专家关系优化提供数据基础。例如，在"文献资源层"，将所有核心期刊论文的关键词词频在10次以上、被引用次数在10次以上的专家进行筛选，作为候选专家。为了解决专家的重名问题，一般以＜作者，任职结构＞对作者进行准确判定。

②将＜候选专家，关键词＞中的关键词通过同义词计算工具，映射到《医学主题词表》、SUMO本体知识库等现有的知识组织工具，并借助知识组织工具中的语义关系进行推理。以《医学主题词表》中的用、代、属、分、参等语义类型，采用RDF格式进行表示并进行推理，以判断候选专家是否属于同一细分专业领域。例如，在知识组织层，A和B两位科研人员的文献都属于"肝肿瘤"领域，因此可以作为同行专家。

③对专家关系进行调整。如果第二步中的两位专家属于同一细分领域，且不存在第一步中共现关系，则予以推荐；如果第二步中未能发现直接同行专家，则通过知识组织语义关系，向上位词领域扩展，获得相关领域专家，组成具有互补关系的专家群体。此外，候选专家信息将与项目库等关联，如果两位专家属于同一机构或者同一项目，则需要回避，从推荐列表中排除。本步骤是对第二步的优化，形成确定的专家关系图谱。例如，在第二步中，A和B两位科研人员发表的文献数量分别是60篇和40篇核心期刊论文，并且不存在论文合作关系；与专家机构信息进行匹配，二者也不存在同事关系，则优先推荐专家A作为核心专家，可以评审专家B的相关项目和成果。反之，若未能找到相关专家，则通过第二步中的知识组织层进行扩展，在更大的专业范围内选择相关专家。

④根据文献的动态变化，调整步骤①~③，判断专家研究领域的变化和活跃度；也可以根据知识组织工具的变化，兼容多个不同类型的知

识组织工具，实现跨学科、跨领域的专家自动推荐。例如，在文献资源层定期更新专家成果数据，并及时监测专家单位的变化，对本推荐结果进行动态更新。

⑤专家聚合结果可视化。对步骤①～④的各类数据采用共现图、学科分类、专家影响力热力图等方式进行展示，以更为直观、动态的方式，提高专家聚合效果。例如，在步骤①中对专家的共现关系进行统计，以社会关系网络图进行展示；按照时间、主题、关系等维度，对专家的活跃度、影响力进行可视化判断；然后，从整体上对专家的专业领域进行监测，以满足对交叉专业领域和专家库更新的需求，实现专家库的动态更新。

上述步骤同样适合于对机构、人员、概念进行多维度的关联、聚合与推送，并应用于智能化、精准化推荐。由此，机构、人员、主题形成一体化的关联，共同为科技信息资源的管理和服务奠定知识基础，提高科技决策和服务效率。

第六章　总结与展望：跨界结合，顺势而为

术语与知识组织是人类掌控知识的钥匙，然而这把钥匙正面临丢失的危险。

大数据环境下，数据丰富而知识不足（所谓"低价值密度"）、信息过载而知识匮乏是当前社会一大痛点，人们比以往任何时候都更容易湮没在海量数据之中并迷失方向，泥沙俱下、似是而非的信息已经消费了"手机控"们太多的精力，各种碎片化阅读、片段式知识在很大程度上误导了有智慧、系统化的深度思考，因此，如何能浪里淘沙、找到适用的知识，是大数据时代图书情报工作者的天然使命，也是难得的发展机遇。如果把术语比喻为一个个散落各处的美丽宝珠的话，那么叙词表、本体等知识组织工具则是由这些宝珠精心编制的美丽项链，进而纵横交织、构建起璀璨的人类知识大厦，帮助人们在知识海洋里自由徜徉。大数据环境下，术语与知识组织已经从图书情报领域"跨界"到计算机、人工智能、认知科学等多个前沿学科，从传统的冷门逐步变成不可或缺的"显学"；在应用上，也跨出图书馆等物理藩篱，跻身于大数据、云计算、"互联网＋"的广阔天地，任何人、任何时间、任何地点都可以便捷、高效地获取有用的知识。

术语是知识化的专业符号，也是计算机自动处理的对象。本书采用跨学科的视角，首先从理论上进行梳理，明确术语与知识组织的关系，然后，结合大量数据进行实证研究，验证术语计算方法的可行性，最后，结合实际应用场景，对术语计算与知识组织进行有效的结合。以术语为切入点，形成更系统、有条理、自动化的知识组织、管理与服务，是本书的主线。术语计算是知识组织的必要手段，知识组织则是术语计算的核心目标。术语和知识组织工具本身就是计算机知识库的重要表现形式，

具有"残而不废"的特点，适度改进后可以提高其适用性；同时，现有计算算法的优化与改进都将直接促进术语计算和知识组织工具构建。

　　术语计算与知识组织的共同目标是什么呢？当然是为社会提供更好的知识服务，同时为计算机智能知识处理提供知识基础。术语和知识组织研究历来是图书情报界的"强项"，形成了包括《汉语主题词表》、《中国图书资料分类法》、科技大词典等耳熟能详、反响良好的知识组织工具，成为知识管理和服务的利器。然而，由于术语和知识组织工具往往是作为计算机的底层知识库使用，通常不被普通用户所接触和理解，难免有"锦衣夜行"之感。特别是，知识组织理论、方法和技术手段也需要与时俱进，实现智能化知识处理，因此，通过术语计算（包括人工智能、知识工程等计算机前沿领域）与知识组织（包括语义网、知识图谱、认知科学等）的跨界结合，可以顺势而为、殊途同归，在"知识服务"这个大局上产生交集，形成人机两用的知识库，主动适应大数据时代的深刻变革。借用围棋的术语来说，"知识组织"是事关全局战略的"大场"，"术语计算"则是解决战斗的战术"急所"，二者的结合可以发挥"1 + 1 > 2"的效果，不可偏废。本书就是这种"结合"的积极尝试，不仅从理论和方法上进行探讨，而且加强实证、力避空谈，在应用方面也努力拓展。尽管这种"结合"本身充满了挑战与不确定，但却是可能的。

　　"形而上者谓之道，形而下者谓之器"。以理性决策为主的知识组织，与以统计学习为主的术语计算可以融为一体并相得益彰。因此，"形而上"的知识组织与"形而下"的术语计算技术相互结合，也许可以走出一条新的、更宽广的路子。事实上，人类在许多专业领域已经做得非常精深，以至于遇到瓶颈；学科交叉，可能就是解决问题的那把钥匙，于是眼前不禁豁然开朗。

附录 A　国外知识组织协会调研

1　知识组织协会调研

"知识组织"（Knowledge Organization）是由美国著名的分类学家布利斯（H. E. Bliss）于 1929 年首次提出，分类表、主题词表、同义词表、本体都可以视为知识组织的研究范畴，引起了世界各国许多专家学者的研究兴趣。知识组织的研究在信息时代更为迫切和重要，如何准确揭示隐藏在海量信息背后的知识，将无序信息进行有序的组织和管理，成为"知识组织"这一领域研究的核心问题之一，受到图书情报学、计算机科学、管理学、语言学等领域的广泛关注，国际上成立了一些专门的知识组织学会和协会展开深入的研究和探讨，为研究者们提供了很好的交流平台。

知识组织协会（学会）是开展知识组织研究和交流的重要平台，为各国的研究者了解和研究知识组织科学建立了一个有效、快捷的交流渠道。借助这些机构的发展状况，可以了解知识组织发展的热点领域和前景，掌握各国在知识组织发展方面的主要专长和发展概况，是了解国外先进经验、吸收优秀研究成果的有效途径，也是我国学者参与国际交流、展示研究成果的重要舞台。通过调查获得国外知识组织科学的协会或学会 70 多个网站，对国际知识组织协会进行研究，进而了解知识组织科学在国外的发展脉络。

1.1　协会性质

知识组织作为一个研究领域，往往以促进同行间的知识交流为目的，但也有部分协会在发展过程中以营利作为协会目的，具有一定的商业性。将协会按组织性质区分，当前主要以非营利机构为主，占总数的 89%，具体如图 A.1 所示。

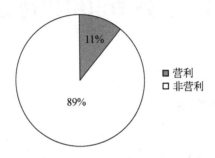

图 A.1　国际知识组织协会性质与比例

通过调研数据表明，协会的组织主体上以公益性、学术性为主，商业性的知识组织结构只占约 10% 的份额。当前，知识组织还主要是作为一个新兴的研究学科，侧重于基础理论的研究，在应用方面相对还比较薄弱，其未来发展的前景十分广阔，还有很大的空间需要不断深入挖掘。

1.2　地区分布

从协会组织所在国家或地区角度进行分类，可以对各国的发展状况进行评估，发现各国的发展趋势。协会国别分布如图 A.2 所示。

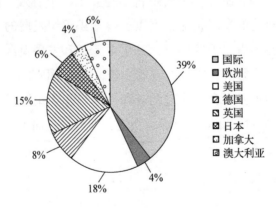

图 A.2　国际知识组织协会国别分布

从图 A.2 中可以看出，知识组织协会往往以国际组织为背景，易于吸引来自不同国家的专业人员，具有很强的国际性。除此以外，以美国和英国为代表的欧美地区仍然是当前知识组织研究比较活跃的地区，在理论创新、技术实践等方面居于领先位置。各国发展状况并不均衡，在亚洲等国家的研究还处于起步和发展的阶段。

1.3　成立时间

协会建立的时间从一个侧面反映了该学科的成熟度。根据协会建立的时间，同时考虑到协会主办国的特点，将调研数据从国别和时间两个方面进行分析（表 A.1 和图 A.3）。

表 A.1　国际知识组织协会成立时间

时间	国际	美国	德国	英国	日本	加拿大	澳大利亚
1950 年以前	7	7	1	7	3	2	2
1950—1970 年	5	3	0	3	1	1	1
1970—1990 年	6	0	1	0	0	0	1
1990—2011 年	13	4	3	2	0	0	1

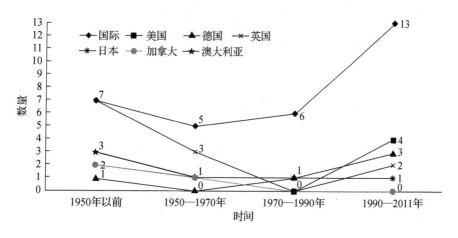

图 A.3　时间发展变化状况

　　从图 A.3 可以看出，国外知识组织协会的发展从 1950 年到 1990 年处于一个相对平稳的阶段，数量相对较少，说明该学科还处在酝酿期，相关理论和方法都在逐步积累；而从 1990—2011 年，知识组织研究得到了更广泛的关注，这说明知识组织的研究活跃度和关注度不断提升，一定程度上也反映了社会应用需求更为迫切。

1.4　学科相关度

　　知识组织研究范围较广，不仅与图书情报学及档案学紧密相关，同时也与计算机科学、语言学不可分割。针对国际、英国、美国 3 个群体从学科分类方向对协会进行分析，学科分布状况如图 A.4 所示。

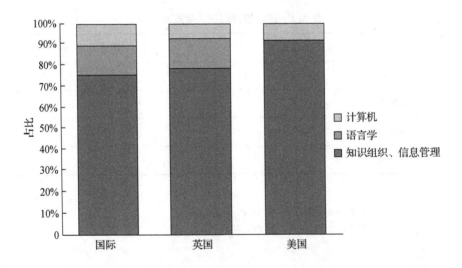

图 A.4　知识组织相关学科分布

　　通过图 A.4 可以看出，知识组织整体的发展以图书情报学和档案学为主，同时计算机方向的交叉研究也取得了较为快速的发展，而语言学的研究参差不齐。将知识组织与图书情报结合起来是未来的一个发展趋势和方向。

2　知识组织协会（学会）分析

知识组织协会在国际学术交流中的应用日益突出。国际知识组织协会 ISKO（www. isko. org）发布了知识组织领域的多个协会，以此为基本素材，通过阅读文献、检索协会网站、查阅参考资料的方法，补充了国外 71 个知识组织协会的材料，对这些资料进行分类汇总，从多个角度进行分类和挖掘。这些协会组织丰富多彩的学术交流活动，包括学术会议、学术期刊、人员培训、项目合作、文献服务等，为各国的研究者提供了丰富的研究机会。以国际知识组织协会 ISKO、W3C 和 ACM 为例，可以了解到该领域的发展态势。

ISKO 是国际上研究知识组织理论与实践最为重要的学术协会。国际知识组织协会认为：知识组织（KO）也称为"信息组织"，主要研究领域为图书馆和情报学（Library and Information Science，LIS），从这个意义上来说，知识组织是图书馆、数据库和档案馆中关于文件描述、索引和分类的活动。从事这些活动的人员包括图书馆员、档案馆员，以及主题专家和计算机程序员。知识组织作为一个研究领域，涉及知识组织进程的本质（KOP）和用于组织文件、文件描述和概念的知识组织工具（KOS）。传统的由人来完成的活动，如文献编目、手工标引等，已经越来越不适应海量数字化信息的需求，知识组织的效率和准确性面临更大的挑战。为了促进国际同行间的交流，国际知识组织协会每两年举行一次国际会议，针对专门议题不定期组织国家性质和地区性质的会议，同时出版知识组织界最有影响力的期刊《Knowledge Organization》，该期刊成立于 1974 年，最初命名为《International Classification》。到目前为止，该组织已经举行了 11 届国际会议，每次国际会议的议题都代表了当前国际上知识组织的研究方向和领域。例如，2004 年国际议题为"知识组织和全球信息社会"，2006 年议题为"全球学习社会的知识组织"，这两次会议紧密联系当今国际一体化背景，分析研究知识组织的重要作用；2008 年议题为"知识组织的内涵与一致性"，2010 年议题为"知识组织的范式和概念"，更侧重于对知识组织人机互操作方面的讨论。

知识组织的另一个典型范例是语义网。W3C 对知识组织的语义网进行了深入的研究。语义网为数据提供了一个共同的框架，允许数据跨越应用程序、企业和社会共享和再利用。这个基于资源描述框架 RDF 的语义网由 W3C 主导，协同众多研究机构和企业共同努力。语义网研究两个方面的内容：一方面，语义网整合集成了不同来源的数据的常见格式，主要集中于原始网络中的文件交换集；另一方面，语义网是记录数据如何与现实世界关联的语言，它允许个人或机器从一个数据库开始，穿越无止境的数据集，这一切并不是通过电线连接而是采取相同的知识表示方式。为了促进语义网的发展，该协会组织举办了很多活动并有针对性地成立了小组，如语义网协作小组、互联网本体论小组、RDF 网络应用工作组、语义网兴趣小组等，促进语义网的发展。

计算机界对知识组织的研究兴趣也与日俱增。从知识工程的角度建设了大量的知识库，直接应用于人工智能系统的开发和应用。例如，普林斯顿大学构建 WordNet，已经在词义计算、知识描述方面取得了广泛的应用；美国国立医学图书馆构建的 UMLS 已经成为医学界普遍使用的情报检索语言。这些研究领域都成为知识组织协会中讨论的热点话题。

3　结论

我国对知识组织在理论研究和应用实践方面都进行了持续的研究，同时建立了相应的图书学会、情报机构等，在国际上已经具备一定的影响力。

为了与国际知识组织协会取得紧密联系，近年来，我国学者积极加入国际知识组织协会（学会），使得中国学者在国际知识组织协会中的比例有所上升，人员数量增加。然而，国际会议上我国学者论文发表量不足，只占论文总数的极小部分，使得参会人员在国际会议上的话语权没有充分发挥。

近年来，一些重要的国际会议也在我国举办。例如，国际科技信息委员会夏季大会在北京隆重举行，本次大会以"迈向知识服务"为主题，来自中国、美国、加拿大、荷兰、比利时等 10 多个国家的图书馆界、科技信息界、出版界和企业界代表共 400 多人出席了会议。

积极参加国际交流是科学研究的内在要求，也是吸收国外先进科研成果的途径。我们不仅要通过参会吸收外国的先进文明，同时，应将这里作为一个展示自己的平台，借助国际知识组织协会（学会）将我们的研究成果传播到世界各国，提升我国在这个领域的影响力。可以说，参与国际协会是我们了解世界、融入世界的重要环节，也是科研工作者必备的基本素养之一。

借鉴国际会议举办的成功经验和方式，吸取我们的本土文化，让更多顶级的国际会议在我国举行和承办。这在促进我国知识组织科学快速发展的同时，也必将大大促进我国知识组织研究成果的国际影响力。

附录 B 汉语主题词表研究热点与发展路径

1 引言

知识组织（Knowledge Organization，KO）是近年来图书情报领域的研究热点之一[75]。主题词表，也称为叙词表，是知识组织领域的典型代表之一，在图书情报领域具有悠久的发展历史和广泛的应用。例如，美国国立医学图书馆编制的 Mesh 主题词表、美国国家航空航天局的 NASA 主题词表、联合国教科文组织的 Unesco 主题词表、联合国粮农组织的 AGROVOC 主题词表等，在编制理论、体系结构及应用研究方面取得了相当丰富的成果。国际知识组织协会 ISKO、国际术语信息中心 Infoterm 等相关机构持续关注词表的研究，举办了多次学术研讨会，并形成了国际标准。

我国高度重视主题词表的研究工作。以 1980 年正式出版的《汉语主题词表》为标志，经过 30 多年的不断发展，已经编制了 100 多部专业词表，研究理论、方法、技术和人才队伍都获得了很大发展。特别是近年来随着数字图书馆的崛起和网络信息的快速膨胀，如何适应网络环境下知识挖掘、术语服务及语义检索等一系列迫切需求，汉语主题词表肩负着艰巨而光荣的时代使命，同时也面临着诸多严峻的挑战。对 1982—2011 年这 30 年的发展历程进行分析和总结，揭示汉语主题词表的研究历程、热点领域和发展趋势，对于进一步促进我国主题词表研究、编制和应用具有重要的参考作用。

学术界对文献计量的实证研究已经较为成熟，出现了关键词共现分析、社会网络分析等新兴的理论与方法，为揭示科研成果和科研规律提供了重要参考。"《汉语主题词表》"专指由中国科学技术信息研究所编制、科学技术文献出版社出版的专著,而"汉语主题词表"则泛指我国境内出版的以汉语作为编制语言的主题词表。显然,前者是后者的一个典型代表。以"汉语主题词表"为研究对象,以"主题词表"和"叙词表"为检索关键词,采集了1982—2011年30年间中国知网CNKI和万方论文数据库所有正式收录的期刊论文元数据1516条,包括题名、作者、作者单位、城市、关键词、摘要、基金、刊名、年份9个字段。经过人工去重、格式整理、数据补齐和筛选后,获得有效统计论文数据1447条,作为研究的基本数据集。然后,从时空关系、课题资助、主题网络、合著关系网络4个方面,揭示汉语主题词表研究的相关热点领域,并对其发展趋势进行分析和研究。

2 基于时空关系的统计揭示

对论文的统计可以从多个维度进行,选择具有统计意义的指标并进行量化分析,有助于揭示汉语主题词表研究的客观面貌。基于论文发表时间、期刊、作者城市、作者单位、核心作者和课题资助情况6个方面进行计量统计,以量化形式揭示汉语主题词表研究的基本面。

2.1 论文发表时间统计

论文发表时间是反映研究状况的横向坐标,可以说明不同时间段汉语主题词表的研究趋势。1982—2012年与汉语主题词表有关的研究论文为1447篇,年均为48篇。统计结果如图B.1所示。

图B.1中的折线呈现波浪形上升趋势。从20世纪80年代开始,汉语主题词表的研究逐渐成为学术界的研究课题,特别是在1985—1990年、1995—2000年、2005—2010年这3个时间段出现了3次研究热潮,反映了该领域由弱到强、逐渐深入的发展轨迹。虽然近年来学术界普遍加强了计算机搜索引擎、分类导航等技术的研究,导致主题词表等传统知识组织工具在1992年、2000年等年份短暂出现了一些低谷,但是,

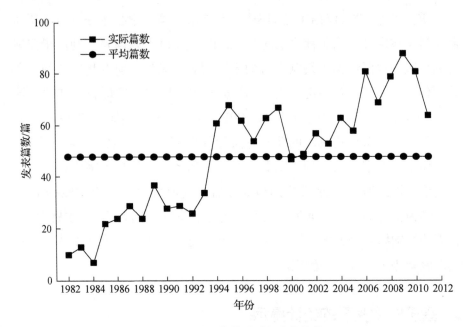

图 B.1   论文数量随时间变化趋势

汉语主题词表的研究在整体上是稳定增长的，尤其是 2005 年以后发表论文量均高于历史平均水平，2009 年论文发表篇数更是高达 88 篇，达到历史峰值，汉语主题词表的研究受到了空前的重视，这说明网络环境下汉语主题词表仍然有旺盛的生命力，具有强劲的发展动力和现实需求。

2.2   期刊分布

期刊是发表研究成果的重要载体。在过去 30 年中，共有 441 种刊物发表过汉语主题词表相关研究成果，其中有 25 种期刊发表 10 篇以上，如图 B.2 所示。

从图 B.2 可以发现，《情报理论与实践》《现代图书情报技术》《情报科学》是收录汉语主题词表相关论文较多的期刊，分别达到了 77 篇、74 篇和 57 篇。对于汉语主题词表的研究，主要集中在图书馆学、情报学、档案学界，并引起了计算机科学领域的重视，学科交叉趋势明显。

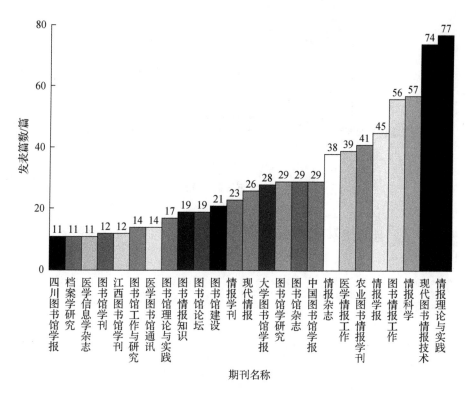

图 B.2　期刊分布情况

2.3　城市分布

为了更好地确定研究群体的地区分布，需要对作者单位及城市信息进行规范化，以第一作者所在单位城市信息为统计依据，共包含城市121个（城市最低为地级市）。将城市按照发表篇数小于10篇、发表篇数10~20篇、发表篇数不小于20篇分为3个梯次，分别进行统计，如图 B.3 所示。

从图 B.3 可见，汉语主题词表研究在地区分布上差别很大：发表10篇及以上论文的城市数量有26个，占所有城市总数的21.49%，而发表的论文数量多达1062篇，占所有论文总数的84.08%，显示出研究者和研究机构高度聚集的态势。为了更好地展示对主题词表研究最为密集的

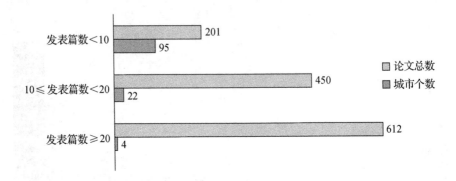

图 B.3 城市发表论文统计

城市情况，将其中发表篇数不小于 20 篇的 13 个城市分别统计，如图 B.4 所示。

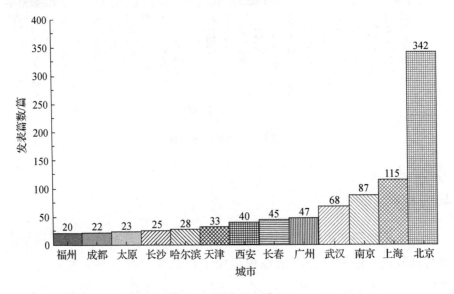

图 B.4 城市分布情况

北京、上海、南京等城市是主题词表研究的"重镇"，研究成果较多，在主题词表研究中居于领先位置；尤其以北京最为密集，发表论文数高达 342 篇，远远高于其他城市，显示出北京在主题词表研究中的领军作用。值得注意的是，上述城市主要集中在我国的东部沿海地区，中西部地区的研究相对滞后，还需要进一步加快发展。

2.4　单位分布

　　开展主题词表相关研究工作的单位包括高等院校、研究机构、档案馆、图书馆等多种类型。在统计单位的过程中，由于机构名称的变更，尤其是高等院校的合并，为数据的整理带来一定的困难，如江汉石油学院更名为长江大学、中国科学技术情报研究所更名为中国科学技术信息研究所，统计中以机构现有名称为基准，将原有名称进行修正、合并。所有论文共涉及单位531个，对发表篇数大于10篇的18家单位进行统计，如图 B.5 所示。

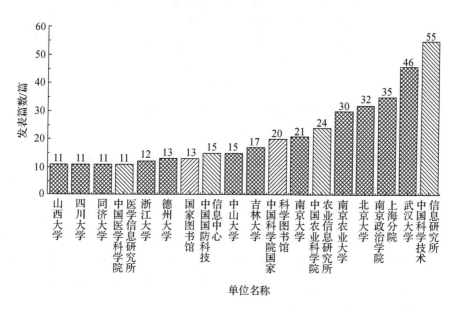

图 B.5　研究单位分布

　　由图 B.5 可见，在对主题词表研究最为集中的18家单位中，高等院校、研究机构、图书馆是其中的主力军，武汉大学、中国科学技术信息研究所、中国科学院国家科学图书馆分别成为这三类研究主体的代表机构，发表数量居于本类别的首位。

　　为了分析不同时间段各个单位对主题词表研究的变化情况，我们把1982—2012 年这一时间段等分为 3 个阶段，如图 B.6 所示。

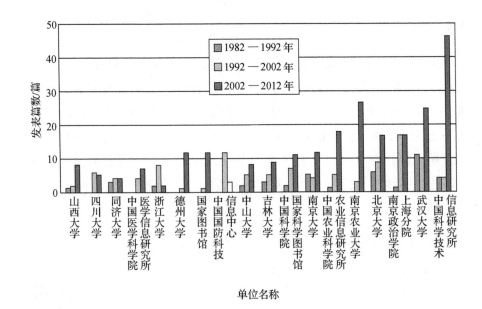

图 B.6　各重点单位研究成果时间段分布

图 B.6 揭示出各单位在汉语主题词表领域研究的连续性。许多单位具有近 30 年的研究传统，长期关注汉语主题词表的研究与发展，具有丰富的学术积淀；大部分单位的研究成果呈现递增的现象，具有良好的成长性。2002 年至今，对主题词表研究最为集中的单位有中国科学技术信息研究所、武汉大学、南京农业大学、北京大学、南京政治学院上海分院等多家单位，积累丰富，发展迅速。这些高校和研究机构成为我国汉语主题词表研究的中坚力量。

2.5　作者统计

论文数据中包含作者单位的数据共有 1440 条，对于合著作者分别计数，经统计共涉及作者人数为 1804 人。根据原文数据对作者真实性进行统一整理和校验，如将"侯汉清"与"侯汉青""陈鸣凤"与"陈鸣凤"根据论文中的作者单位及题目名称进行甄别与合并。将发表论文数按照发表 1 篇、发表 2~5 篇、发表 5 篇以上进行分类统计，如图 B.7 所示。

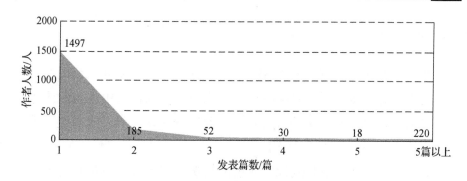

图 B. 7　作者分布的"长尾现象"

图 B.7 显示出研究群体的不均衡性，符合"长尾理论"的基本原理，即发表篇数为 1 篇的作者占据了 83%，而发表论文篇数为 5 篇以上的作者只占总数不足 1.3%，说明汉语主题词表具有广泛的研究基础，受到普遍关注，同时也活跃着一批专家级的研究人员，形成了核心专家群体，具有一定的研究深度。

从图 B.8 可以看出，在主题词表领域研究的群体中，侯汉清教授自 20 世纪 80 年代就从事该领域的研究，近 30 年来一直活跃在汉语主题词表领域，对本领域进行持续研究。自 2002 年以来，以常春、王兰成、王军等为代表的一批中青年学者也在迅速成长，并成为该学科的领军人物，汉语主题词表研究力量逐步壮大。

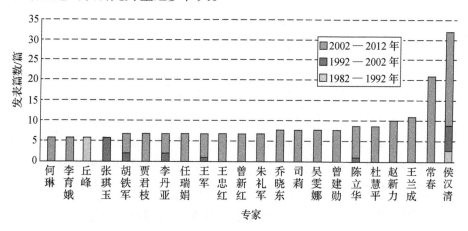

图 B. 8　主题词表领域专家发表论文篇数统计（5 篇以上）

2.6　课题资助统计

课题资助是科学研究健康发展的必要条件。对近 30 年来我国在汉语主题词表研究领域的课题立项情况进行调查，依据论文中注明的课题名称，受到课题资助的论文共有 244 篇，课题分为国家级、省部级、单位课题、社会类横向课题 4 个级别。

为了比较不同单位得到课题资助的情况，将基金与单位联合起来分析，发现得到资助的单位共有 91 家，占所有单位的 17.13%。其中，累计得到资助在 5 项及以上的单位如图 B.9 所示。

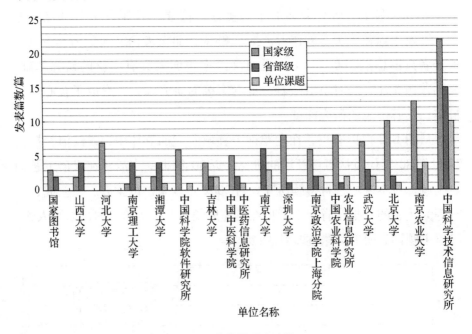

图 B.9　单位课题资助情况

图 B.9 说明，我国主题词表研究的一些重点单位获得各类课题资助的力度相对较大，特别是国家级课题数量最多。这些课题有力地推动了主题词表的研究，产出了显著的研究成果。

如图 B.10 所示，在 2000 年以前，各类课题对汉语主题词表的资助力度普遍偏小，类型也较为单一，只有少量论文得到了国家级或省部级

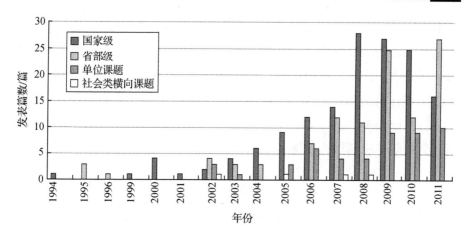

图 B.10 课题基金资助与论文产出统计

课题支持。自 2002 年以后，各类课题的资助开始逐步加大，特别是以国家自然科学基金、国家社会科学基金等为代表的国家级课题逐渐增多，汉语主题词表得到了国家层面的资助；越来越多省部级课题、单位自主立项课题也加大了对主题词表的研究支持力度。近年来，汉语主题词表一系列研究成果的迅速增长，与我国科研课题的大力支持是密不可分的，也表明主题词表研究已经成为国家层面的前沿研究领域。

3 关键词共现研究

关键词共现（Concordance）是将作者关键词进行两两组合，统计其在不同文献中同时出现的次数。一般来说，共现次数越多，关键词之间的关联就越紧密。在 1444 篇论文关键词的统计中，关键词累计个数为 8564 个，将不同形式的关键词按照概念进行归并，如"语义 web"与"语义网"、"分布式 Ontology"与"分布式本体"、"《中目》"修改为"《中文科技资料目录》"、"《中分表》"修改为"《中国分类主题词表》"、"《科图法》"修改为"《中国科学院图书馆图书分类法》"等，共得到关键词 3471 个，采用 Ucinet 软件进行绘图。

关键词共现以网状图的形式直观反映两个词语之间的语义关联，揭示本领域的研究热点和发展趋势。对共现次数达到14次的关键词进行可视化展示，中心节点为"叙词表"和"主题词表"，由于这两个关键词属于同义词，因此在图中出现"检索语言""主题标引""主题法""分类法"等作为交集。图中线上的数字即为共现次数，线的粗细程度反映了共现次数的多少，可知"主题词表"相关的研究集中在信息检索、标引、分类等传统领域，如图 B.11 所示。

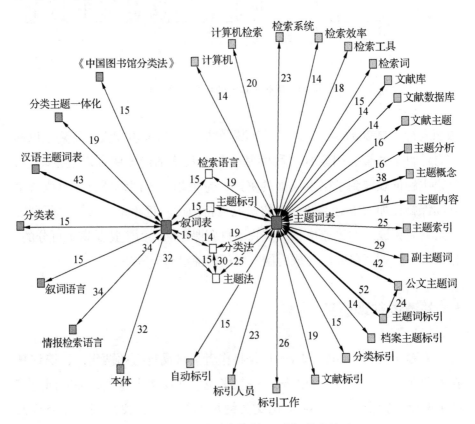

图 B.11　"主题词表""叙词表"共现关系

图 B.12 表明，自 2002 年以来，主题词表领域发生了新的变化，语义网、领域本体、主题图、电子政务等一系列新的理论与主题词表开始产生关联，主题词表的研究范式和应用领域得到了新的发展和深化，以适应网络环境的变化。

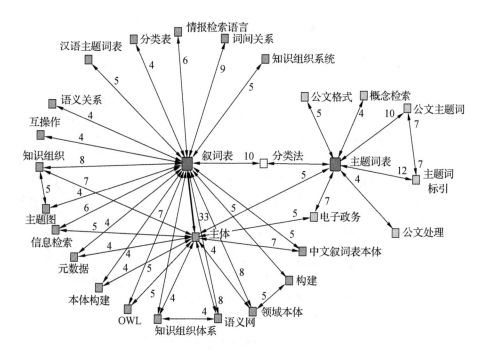

图 B. 12　近 10 年来主题词表关键词共现关系网络

4　作者合著关系研究

基于社会关系网络理论对合著关系进行研究，可以较好地揭示科研群体的分布情况和科研合作关系。在对作者合著的研究中，若两个作者合作发表过一篇文章，合著次数记为 1 次。统计其中合著次数为 3 次及以上的团体，线条的粗细程度反映作者合著次数的多少，借此可以揭示研究群体的成熟度，如图 B. 13 所示。

图 B. 13 说明，在汉语主题词表研究领域已经形成了若干研究团队，形成了较为紧密的合作关系，并出现了一批领军人物；团队之间的合作关系也已经趋于稳定。

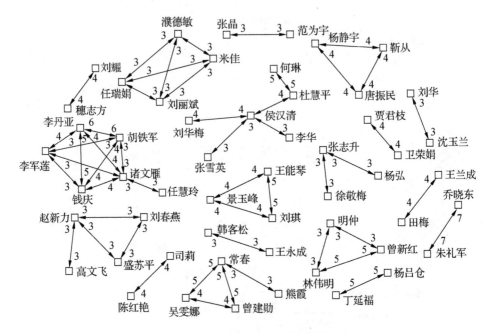

图 B.13　科研群体合作关系网络

5　结论

汉语主题词表经过 30 年的发展，取得了很大成就，突出表现在：吸引了来自全国多个城市的图书馆、高校及科研单位的大量研究者加入，获得了良好的学术积累，在全国范围内形成了稳定的研究队伍，出现了优秀的领军人物，学术合作关系基本形成；国家各类课题的资助力度和范围不断加大，科研产出不断增加；所涉及的研究主题持续深化，既包括传统的图书馆文献标引、检索，也吸收了分类、本体、语义网等相关领域的最新研究成果，以适应网络时代技术环境的变化。主题词表的编制应该充分利用上述有利条件，在创新中谋发展。

汉语主题词表的研究仍然面临不少挑战。进入 21 世纪以来，随着网络环境的迅速发展和普及，用户对知识的需求更加深入和多元化，图书情报工作者面临着从信息服务向知识服务转型的重要使命，以受控理论为基础的主题词表遭遇到了以开放性为特色的自然语言关键词检索的严峻挑战，使用范围受到限制；汉语主题词表自身也存在着词汇规模小、更新慢、编制成本高等一系列问题，需要进行调整和完善。在理论和应用层面都对汉语主题词表的研究提出了新的课题。

　　面对信息环境和技术的变化，主题词表的研究、编制和应用要求选择合适的发展方向。首先，近年来知识组织理论和方法取得了很大进展，主题词表基础理论研究既要保持图书情报学、术语学、知识组织、管理科学等领域的传统优势，又要积极汲取知识图谱、关联数据、语义网等新兴理论和方法的营养，理论进一步丰富和创新；在技术层面，采用术语计算、共现计算、词义计算、可视化等新技术，对知识表示和知识挖掘方法进行深入研究，为词表的编制和应用提供技术支撑。其次，主题词表编制具有跨学科、跨单位的工程特征，过程中必须紧密联系相关单位，与国内具有较高研究实力的高校、研究机构建立协作关系，特别是借助领域专家和词表专家的智慧，群策群力，实现知识的共建、共享，在编制词表的同时也促进课题研究和人才培养，为迎来汉语主题词表的下一个发展高峰创造有利条件。

附录 C　国内外典型术语服务系统

1　联合国术语库 UNTERM

由于联合国内部工作的需要，早在 20 世纪 80 年代，联合国总部就建立了自己的术语库系统 UNTERM（The United Nations Terminology Database），意为联合国术语数据库，简称联合国术语库。除总部纽约外，位于日内瓦、内罗毕和维也纳的 3 个办事处及 5 个区域经社委员会也都拥有各自区域范围内的术语库系统。

2013 年，中央术语系统建立，同年 4 月全球术语库正式上线，对外开放其查询功能。鉴于其依然是联合国的术语库，故联合国方面沿用了当年在联合国总部纽约建立的术语库名称 UNTERM。该术语库是多语种的全球在线术语库，向全球范围内的用户开放。其搜索引擎包含联合国 6 种官方语言（英语、阿拉伯语、汉语、法语、俄语和西班牙语），此外，还包括德语和葡萄牙语。该术语库囊括了联合国几大不同机构办事处和 5 个区域经社委员会的专业词汇。

网址：http：//unterm. un. org/UNTERM/portal/welcome

2　联合国粮农组织 FAO 受控词表注册系统与术语服务

联合国粮农组织（FAO）下属的农业信息管理标准（AIMS）团队创建并维护着大量农业领域的信息资源，其中包括各种农业类受控词表。为了促进对这些词表资源的利用，FAO 开发和构建了针对受控词表的注册系统和 Web 服务，提供对词表的浏览与检索，以及对词表内容的访问与使用。FAO 的术语注册和术语服务分为两部分：一个是综合性农业信息管理注册系统 VEST Registry，提供对受控词表、元数据元素集和信息管理工具 3 种资源的注册。VEST Registry 目前被包含在 GODAN Action VEST/AgroPortal map 标准中；另一个是多语言词表编辑与管理工具 VocBench，主要针对 AGROVOC 词表提供编辑、管理与术语服务。

网址：http：//aims. fao. org/vest-registry

3　NKOS（Networked Knowledge Organization Systems）

美国肯特大学组织的 NKOS 致力于讨论功能和数据模型，以实现知识组织系统/服务（KOS），如分类系统、叙词表、地名录和本体。作为网络交互式信息服务，以支持不同信息资源的描述和检索。

网址：http：//nkos. slis. kent. edu/

4　词网 WordNet

WordNet 是由美国普林斯顿大学的 Miller 带领的一组心理词汇学家和语言学家于 1985 年起开发的大型英文词汇数据库，它是传统词典信息与现代计算机技术及心理语言学相结合的一个产物。WordNet 以同义词集（Synsets）为单位组织信息，对查询结果的演绎比较符合人类的思维定式。同义词集是在特定的上下文关系中可互换的同义词集合。它与普通词典的最大区别在于它根据词义而不是词形来组织词汇信息。WordNet 关心词与词之间的联系，认为词的意义在于词与词之间的区别和联系，而词与词之间的组织方式显示了词概念之间的区别和关联；词性反映了词汇所包含的概念的类别，在组织中将词汇分成 5 类：名词、动词、形容词、副词和虚词。WordNet 使用同义词集表示一个语言符号，重点分析名词、动词、形容词和副词的语义关系，构建了如层级系统、N 维空间关系、蕴含关系等关系系统，通过这些关系来表征语言的意义。

网址：http：//wordnet. princeton. edu/

5　DBpedia

DBpedia 项目通过从维基百科的词条里抽取结构化数据，以更加有效的方式获得信息来平衡这个巨大的知识资源。基于维基百科数据集，DBpedia 允许用户进行复杂问题的查询，并链接网上其他数据集到维基百科数据集，其优势在于：数据是人们共同合作共享的结果，涵盖了一系列的不同领域和这些领域的实体联系，能自动地随着维基百科的变化而发展，是真正多语种的知识库，更新较为快捷。

网址：http：//wiki. dbpedia. org/

6　Cyc

Cyc 项目始于 1984 年，Cyc 是一个试图综合日常生活常识，建立综合的本体库和数据库的人工智能工程，在知识表示、机器推理、自然语言处理、语义数据集成及信息管理和搜索方面提供一系列语义中间件，使人工智能具有与人相似的推理能力。

Cyc 旨在提供一种可以被其他程序灵活使用的深层次的理解。它的知识库服务器是一个非常庞大的多语境知识库和推理引擎，目标是打破"软件开发的瓶颈"，构建通用性常识知识基础——集结了术语、规则和关系的语义底层，包含以下内容：Cyc 知识库、Cyc 推理引擎、CycL（Cyc 表示语言）、自然语言处理子系统、Cyc 语义集成的数据传输总线、Cyc 开发工具包。目前，Cyc 知识库包含了超过 50 万项的术语，其中包括大约 17 000 种关系及大约 700 万个与这些术语相关的声明。

网址：http：//www. cyc. com/

7　YAGO

YAGO 是由 Saarbrücken（德国萨尔州的萨尔布吕肯市）的 Max

Planck 计算机研究所开发的一个开源的大型语义知识库，它自动从 Wiki-pidia 中抽取信息。目前，YAGO 拥有超过 1000 万个实体（如人员、组织、城市等）的知识，并拥有超过 1.2 亿个关于这些实体的事实。这些信息是从 Wikipidia、WordNet 和 GeoName 中提取的，并已经链接到 DB-pedia 本体和 SUMO 本体。YAGO 的准确性已人工评估，其准确率达到 95%。

网址：https：//www. mpi-inf. mpg. de/departments/databases-and-infor-mation-systems/research/yago-naga/yago/#c10444

8　美国一体化医学语言系统 UMLS （ Unified Medical Language System）

由美国国立医学图书馆（National Library of Medicine，NLM）研究和开发的生物医学和健康领域计算机化的情报检索语言集成系统。该系统包括 UMLS 的知识源和相关工具，知识源包括 3 部分：超级叙词表（Metathesaurus）、语义网络（Semantic Network）和专家词典（Specialist Lexicon）。其中，语义网络包括一整套基本的语义类型及描述这些语义类型之间关系的语义关系，对上百部叙词表及知识组织工具进行融合，并提供在线术语服务。

网址：https：//uts. nlm. nih. gov/home. html

9　SUMO：Suggested Upper Merged Ontology 建议高层合并本体

作为一种上层本体，旨在成为各种计算机信息处理系统的基础本体知识库，实现自动推理引擎的互操作。它不仅包括顶层的各类概念（一般实体不属于特定问题域），还扩展到包括中级本体如 WordNet，可以满足自然语言处理多种应用。

网址：http：//www. adampease. org/OP/

10　术语在线

术语在线由全国科学技术名词审定委员会主办，定位为术语知识服务平台。以建立规范术语"数据中心""应用中心"和"服务中心"为目标，支撑科技发展、维护语言健康。

目前一期项目已经上线，提供术语检索、术语分享、术语纠错、术语收藏、术语征集等功能。本平台聚合了全国名词委权威发布的审定公布名词数据库、海峡两岸名词数据库和审定预公布数据库，累计45万余条规范术语。覆盖基础科学、工程与技术科学、农业科学、医学、人文社会科学、军事科学等各个领域的100余个学科。其中，术语检索平台采用新一代DISE（Data Intelligent Search Engine）智能检索引擎，并推出了检索联想提示及个性化排序算法，希望可以给用户带来更优的体验。术语在线将逐步推出术语社区、术语提取、术语校对等更多服务，并开发了移动版APP。该系统在术语可视化、知识图谱、知识学习等方面也富有特色，中文科技术语服务能力较为突出。

网址：http：//www. termonline. cn/

参考文献

［1］全国术语标准化技术委员会. 术语工作·原则与方法：GB/T 10112 - 1999 ［S］. 北京：中国标准出版社，2004.

［2］赫尔穆特·费尔伯. 术语学、知识论和知识技术 ［M］. 北京：商务印书馆，2011.

［3］全国科学技术名词审定委员会. 图书馆·情报与文献学名词 ［EB/OL］. ［2018 - 06 - 20］. http：//www. cnctst. cn/sdgb/sdygb/201705/t20170508_ 371983. html.

［4］ZENG M L. Knowledge organization systems (KOS) ［J］. Knowledge Organization，2008，35 (2 - 3)：160 - 182.

［5］张琪玉，侯汉清. 情报检索语言实用教程 ［M］. 武汉：武汉大学出版社，2004.

［6］the International Information Centre for Terminology ［EB/OL］. ［2018 - 01 - 20］. http：//www. infoterm. info/.

［7］International Society for Knowledge Organization (ISKO) ［EB/OL］. ［2018 - 01 - 20］. http：//www. isko. org/.

［8］冯志伟. 现代术语学引论（增订本）［M］. 北京：商务印书馆，2011.

［9］刘炜. 关联数据：概念、技术及应用展望 ［J］. 大学图书馆学报，2011，29 (2)：5 - 12.

［10］Berners-Lee，Hendler T，Lassila J. The semantic Web ［J］. Scientific American Magazine，2008，23 (1)：1 - 4.

［11］Cristina Pattuelli S R. The knowledge organization of DBpedia：a case study ［J］. The Journal of Documentation，2013，69 (6)：762 - 772.

［12］王众托. 知识系统工程 ［M］.2 版. 北京：科学出版社，2016.

［13］维克托·迈尔·舍恩伯格. 大数据时代 ［M］. 杭州：浙江人民出版社，2013.

［14］托马斯·库恩. 科学革命的结构 ［M］. 北京：北京大学出版社，2016.

［15］Fausto Giunchiglia B D，Vincenzo Maltese. From Knowledge Organization to Knowledge Representation ［J］. Knowledge Organization，2014，41 (1)：44 - 56.

［16］Almeida M S R，Fonseca F. Semantics in the semantic web：a critical evaluation ［J］. Knowledge Organization，2011，38 (3)：187 - 203.

［17］ EWD Luca. Extending the linked data cloud with multilingual lexical linked data ［J］. Knowledge Organization, 2013, 40（5）: 320 – 331.

［18］ JM Serrano. Environmental emergency management supported by knowledge modelling techniques ［J］. AI Communications, 2001, 14（1）: 13 – 22.

［19］ Sanjuan E. TermWatch II: Unsupervised Terminology Graph Extraction and Decomposition ［J］. Communications in Computer & Information Science, 2013（348）: 185 – 199.

［20］ Bourigauit D, Jacquemin C, MC L'Homme. Recent advances in computational terminology ［M］. John Benjamins Publishing Company, 2001.

［21］ 冯志伟. 一个新兴的术语学科——计算术语学[J]. 术语标准化与信息技术, 2008（4）: 4 – 9.

［22］ Saason, Ravid, Nava, et al. Improving similarity measures of relatedness proximity: toward augmented concept maps ［J］. Journal of Informetics, 2015, 9（3）: 1751 – 1577.

［23］ 卜书庆. 知识组织系统构建与知识服务研究 ［M］. 北京: 国家图书馆出版社, 2014.

［24］ 常春. 网络环境下叙词表编制与发展 ［M］. 北京: 科学技术文献出版社, 2015.

［25］ 曾建勋, 常春, 吴雯娜, 等. 网络环境下新型《汉语主题词表》的构建 ［J］. 中国图书馆学报, 2011, 37（4）: 43 – 49.

［26］ 滕广青, 毕强. 知识组织体系的演进路径及相关研究的发展趋势探析 ［J］. 中国图书馆学报, 2010, 36（5）: 49 – 53.

［27］ 司莉, 柴源, 周李梅, 等. 国外网络叙词表的现状调查及发展趋势 ［J］. 图书馆杂志, 2011（7）: 22 – 26.

［28］ 刘华梅, 侯汉清. 基于受控词表互操作的集成词库构建研究 ［J］. 中国图书馆学报, 2010, 36（3）: 67 – 72.

［29］ 侯汉清, 薛鹏军. 中文信息自动分类用知识库的设计与构建 ［J］. 情报学报, 2003, 22（6）: 681 – 686.

［30］ 欧石燕, 唐振贵, 苏翡斐. 面向信息检索的术语服务构建与应用研究 ［J］. 中国图书馆学报, 2016, 42（2）: 32 – 51.

［31］ 曾新红, 林伟明, 明仲. 中文叙词表本体的检索实现及其术语学服务研究 ［J］. 现代图书情报技术, 2008, 24（2）: 8 – 13.

［32］ 张运良, 梁健, 朱礼军, 等. 基于术语定义的科技知识组织系统自动丰富关键技术研究 ［J］. 现代图书情报技术, 2010（Z1）: 66 – 71.

［33］ 化柏林, 刘一宁, 郑彦宁. 针对学术定义的抽取规则构建方法研究 ［J］. 情报理

论与实践，2011（12）：5 – 9.

[34] 梅家驹. 同义词词林［M］. 上海：上海辞书出版社，1996.

[35] Hownet［EB/OL］.［2018 – 01 – 15］. http：//www. keenage. com/.

[36] 黄曾阳. 语言概念空间的基本定理和数学物理表示式［M］. 北京：海洋出版社，2004.

[37] 施水才，王锴，韩艳铧，等. 基于条件随机场的领域术语识别研究［J］. 计算机工程与应用，2013，49（10）：147 – 149，155.

[38] 吴云芳，石静，金澎. 基于图的同义词集自动获取方法［J］. 计算机研究与发展，2011，48（4）：610 – 616.

[39] 曹树金，王志红，王连喜. 国内外知识组织研究内容与发展——基于《图书情报工作》与 Knowledge Organization 期刊论文的比较分析［J］. 图书情报知识，2017（4）：100 – 112.

[40] 常春. 网络环境下叙词表编制与发展［M］. 北京：科学技术文献出版社，2015.

[41] 冯志伟. 术语学中的概念系统与知识本体［J］. 术语标准化与信息技术，2006（1）：9 – 15.

[42] 克鲁斯. 词汇语义学：英文［M］. 北京：世界图书出版公司北京公司，2009.

[43] 欧石燕. 中文叙词表的语义化转换［J］. 图书情报工作，2015（16）：110 – 118.

[44] Grice H P. Logic and Conversation［M］. New York：Academic Press，1975.

[45] Kiu C C, Tsui E. TaxoFolk：a hybrid taxonomy-folksonomy structure for knowledge classification and navigation［J］. Expert Systems with Applications，2011，38（5）：6049 – 6058.

[46] 刘高勇，汪会玲. 基于 Wiki 与 Folksonomy 的专业信息服务研究［J］. 图书情报工作，2008，52（10）：122 – 124.

[47] 贾君枝，王东元，王永芳. 基于 Delicious 中文标签特征分析［J］. 情报科学，2010（10）：1565 – 1568.

[48] 毛军. 元数据、自由分类法（Folksonomy）和大众的因特网［J］. 现代图书情报技术，2006，1（2）：1 – 4.

[49] 魏来. 国外 Folksonomy 语义丰富研究综述［J］. 情报资料工作，2010，31（3）：40 – 44.

[50] 魏建良，朱庆华. 基于社会化标注的个性化推荐研究进展［J］. 情报学报，2010，29（4）：625 – 633.

[51] 邓胜利，周婷. 社交网站的用户交互动力研究［J］. 情报科学，2014，32（4）：72 – 76.

［52］张海粟，马大明，邓智龙．基于维基百科的语义知识库及其构建方法研究［J］．计算机应用研究，2011，28（8）：2807－2811．

［53］许博．网络百科全书管理机制与公众参与行为研究［J］．图书情报知识，2011（3）：10－15．

［54］Wang H，Yuan X，Zhou G. Semantic Role Labeling Using Chinese Dependency Parsing Tree［C］. IEEE International Conference on Intelligent Computing & Intelligent Systems，2009，3：589－593.

［55］王惠临，吴丹，石崇德．语言技术和知识技术——知识服务的重要技术基础［J］．图书情报工作，2006，50（9）：5－9．

［56］诺姆·乔姆斯基．句法结构［M］．北京：中国社会科学出版社，1979．

［57］何琳，侯汉清．《中国图书馆分类法》在网络环境中的适应性改造研究［J］．图书情报工作，2010（19）：6－9，128．

［58］李育嫦．传统知识组织系统的重构及其在网络环境下的应用［J］．情报杂志，2011，30（7）：114－118．

［59］马张华．论中文信息动态自动聚类的特点和方法体系［J］．中国图书馆学报，2006（6）：73－78．

［60］胡昌平，陈果．科技论文关键词特征及其对共词分析的影响［J］．情报学报，2014（1）：23－32．

［61］杨纶标，高英仪，凌卫新．模糊数学原理及应用［M］．广州：华南理工大学出版社，2011：25－53．

［62］吴思竹，钱庆，胡铁军，等．词形还原方法及实现工具比较分析［J］．现代图书情报技术，2012（3）：27－34．

［63］Specialist NLP Tools［EB/OL］．［2018－02－20］. http：//specialist. nlm. nih. gov.

［64］文庭孝，罗贤春，刘晓英，等．知识单元研究述评［J］．中国图书馆学报，2011，37（5）：75－86．

［65］温有奎，焦玉英．知识元语义链接模型研究［J］．图书情报工作，2010，54（12）：27－31．

［66］刘海涛．依存语法的理论与实践［M］．北京：科学出版社，2009：6－10．

［67］车万翔，张梅山，刘挺．基于主动学习的中文依存句法分析［J］．中文信息学报，2012，26（2）：18－22．

［68］罗素．哲学问题［M］．北京：商务印书馆，2008：35－46．

［69］Morris J，Hirst G. Lexical cohesion computed by thesaural relations as an indicator of the structure of text［J］. Computational Linguistics，1991，17（1）：21－48.

［70］Tatar D, Mihis A D, Czibula G S. Lexical Chains Segmentation in Summarization ［C］. International Symposium on Symbolic and Numeric Algorithms for Scientific Computing, 2009：95 – 101.

［71］Sangeetha S, Thakur R S, Arock M. Event detection using lexical chain ［C］. International Conference on Advances in Natural Language Processing, 2010：314 – 319.

［72］苗传江. HNC（概念层次网络）理论导论 ［M］. 北京：清华大学出版社，2005.

［73］欧根·维斯特. 普通术语学和术语词典编纂学导论 ［M］. 北京：商务印书馆，2011.

［74］傅爱平，吴杰，李芸. 汉语语文词典的词条结构模型 ［J］. 辞书研究，2009（2）：28 – 36，87.

［75］王知津，李培，李颖，等. 知识组织理论与方法 ［M］. 北京：知识产权出版社，2009.

后　记

时光匆匆，岁月如歌。自 2003 年在中国社会科学院语言研究所开始计算语言学硕士专业学习算起，已有 15 年光景，非常幸运，在我的博士导师许嘉璐教授、硕士导师傅爱平研究员的悉心指导下，我逐步扩大了学术视野，踏上了科研之路。更加幸运的是，自 2010 年入职中国科学技术信息研究所开始，始终坚持以术语计算与知识组织研究作为主业开展科研和教学工作，使得我有机会在专业上做到"始终如一"、未曾中断。虽然科研本身充满艰辛，但幸运和辛苦本来就是学术研究的两大法宝，又有谁能例外呢？

怀感恩之心，感谢为本人成长和本书出版提供大量帮助的领导、同事、同学、同行、朋友和家人。中国科学技术信息研究所的领导、同事和学生们给予了很多帮助，包括信息资源中心曾建勋主任、赵捷副主任、杨代庆副主任、常春研究馆员、吴雯娜副研究馆员、刘伟博士、王立学博士、刘华博士、王星高级工程师等，信息技术支持中心梁冰主任、王莉副主任、桂婕副主任、武张亮主任助理、张志平研究员、白海燕研究馆员、屈宝强研究员、牟琳博士、刘蔚博士、李艾丹博士、杜红艳博士、崔小委、陈白雪、贤信、张希、赵志远、寇亚东、韩旸、刘杨和其他所有朝夕相处、并肩战斗的领导和同事们，感谢大家长期以来的鼓励、支持和帮助。中信所不仅是国家级的高水平学术平台，拥有国内一流的人才团队和科研条件，而且具有干事创业、团结奋进的文化氛围，在这个大家庭里受益良多，感谢中信所所领导、科研处、计划财务处、人事处及相关部门给予的大力支持。感谢科学技术文献出版社提供的出版机会，周国臻主任对本书出版给出了很多专业建议，使得本书外观赏心悦目、内容更加规范有序。此外，首都经贸大学李丹丹同学、北京师范大学程志强同学及我的研究生曹丽珠等同学做了大量审校工作，也一并致谢。感谢裴亚军博士、赵星博士、刘宁静博士、唐磊博士、赖院根博士、翟文铖博士等朋友的长期支持和大力帮助。特别感谢我的父母、妻子和其他家人的默默付出，你们辛苦了，谢谢！提供过帮助的朋友还有很多，虽然篇幅所限、不胜枚举，但感激之情溢于言表，谨以此书聊作回报吧。

古人强调"敬惜字纸"，对学问充满敬畏是一种传统美德。我自知功力不够，距离著书立说尚有很大差距，然而竟不揣浅陋、洋洋洒洒十余万言，一是因为信息技术发展一日千里，知识"保鲜期"通常很短，时间久了难免像过期的老皇历一样过时，及时将这些成果进行整理和出版，至少可以作为参考资料，供后来者借鉴，这是作者义不容辞的社会责任；二是入行已有十余年，尽管事务性工作繁重，但仍尽力专研学术、坚持不辍，回顾总结、系统梳理一下也有利于更好地前行，权当自我勉励吧。恰逢中信所出版基金的慷慨资助，解决了经济上的后顾之忧，因缘际会，遂有本书问世。尽管如此，本人学术上仍将继续砥砺奋进，书中倘有不妥或谬误之处概由作者负责，并希望抛砖引玉，请专家学者及读者不吝指正，推陈出新、共同进步。

　　最后，引用中信所研究生部学生改编自歌曲《成都》的《科研之路》片段，伴随着舒缓优雅的音乐节奏，作为本书的结束语吧。

　　　　　和我在科研的路上走一走

　　　　　直到所有的灯都熄灭了也不停留

　　　　　你会默默为我加油，我会只身科研奋斗

　　　　　不管能否成为大牛，一生有你别无他求

　　　　　和我在科研的路上走一走

　　　　　直到所有的灯都熄灭了也不停留

2018 年 4 月于北京